Werbung

Von Deinem Liebsten

Gärten im Winter

Gisela Keil / Jürgen Becker

GÄRTEN IM WINTER

Inspirationen für die vierte Jahreszeit

DVA

Inhalt

Vorwort von Piet Oudolf

Bücher, die sich den Winteraspekten des Gartens widmen, sind rar, umso mehr jedoch zu begrüßen, da sie dazu inspirieren, diese Saison in die Gestaltung des Gartens miteinzubeziehen. Die vierte Jahreszeit wartet mit einer eigenen Ästhetik der Formen und Farben auf und kann den Gartenraum durch Verlagerung der Schwerpunkte in verwandelter Sicht präsentieren. Soll er statt eintönig abgeräumter Beete ein malerisches winterliches Erscheinungsbild abgeben, erfordert dies vor allem eine delikate Pflanzenwahl und -gruppierung. Mein gestalterischer Ansatz, Pflanzungen primär auf Formen und sekundär auf Farben aufzubauen, gilt in verstärktem Maße für die Konzeption winterlicher Gärten. Während ihnen vorwiegend die dauerhaften Formen baulicher Elemente und Gehölze Struktur verleihen, gab es lange Zeit kaum Gartenstauden, die diese Anforderung erfüllten. Deshalb haben meine Frau und ich es uns seit Jahren zur Aufgabe gemacht, durch Erprobung und Züchtung dem Gartensortiment bisher unbekannte Stauden und Gräser zuzuführen, die bis in den Winter hinein Beete durch reizvolle Erscheinungsformen bereichern. Interessanterweise sind dies meist Pflanzen, denen ein ausgewogenes Verhältnis von Blüten- und Blattgröße nicht nur längere Standfestigkeit verleiht, sondern auch Anmut und Natürlichkeit bewahrt hat.

Gartendesign bedeutet immer auch Gestaltung von Stimmungen und Emotionen. Hierbei ist der Winter ein guter Lehrmeister, der mit seinen minimalistischen Tendenzen wie keine andere Jahreszeit den Garten zum meditativen Raum verwandelt. Seine Rezepte lauten Reduktion der Farben bei weitgehendem Verzicht auf das »Füllmaterial Laub«, und setzen dabei auf den Purismus linearer Strukturen und prägnanter Formen, die von Raureif und Schnee verstärkt konturiert werden und mit der Wintersonne magische Schattenspiele inszenieren. Während sommergrüne Laubgehölze in feingliedrigen Verästelungen an Substanz verlieren, gewinnen formierte immergrüne Gehölze im »leerer« gewordenen Gartenraum an Dominanz und Körperlichkeit. Das harmonische und kontrastive Miteinander beider Gruppen aber bildet zusammen mit Gräsern und den Fruchtständen vieler Stauden das pflanzliche Gestaltungspotenzial des winterlichen Gartens, der zwischen Freiheit und Form in märchenhaften Bildern einer neuen Vegetationsperiode entgegenreift.

Hummelo, im Sommer 2003

Wunderwelten beschwört der Frost in Staudenkombinationen mit vielseitigen Samenständen. Im Glitzerdekor des Raureifs tanzen die kleinen Pompons des Schuppenkopfes (Cephalaria dipsacoides, hinten links) vor den schirmartigen Doldentrauben des Gefleckten Wasserdosts (Eupatorium maculatum ›Atropurpureum‹) mit seinen vom Frost dunkel verfärbten Blättern, während im Vordergund eine Indianernessel (Monarda-Hybride) zum zweiten Mal zu erblühen scheint.

7

Die Ästhetik
des Vergehens

Der Garten von
Anja und Piet Oudolf

Der indivduelle Stil, den Anja und Piet Oudolf in der Staudenzucht
wie in der Gartengestaltung entwickelt haben, findet natürlich
auch in ihrem Privatgarten seinen Niederschlag. Ein zentrales
Anliegen Piet Oudolfs ist es, Gärten zu schaffen, die zu jeder
Jahreszeit Ästhetik und Atmosphäre besitzen und den spannungs-
reichen Kontrast zwischen formal-strengen Strukturen und wild-
hafter Ungezwungenheit auch mit Pflanzen verwirklichen.
Als Werkstoff dienen ihm dabei formbeständige Pflanzen, zum
Beispiel schnittverträgliche Gehölze, wie Eibe (oben) und Buche –
sowie natürlich wirkende Stauden und Gräser, die im Raureif
spinnwebfeinen Zauber entwickeln, wie Wiesenraute (Thalictrum
delavayi, links) oder Riesenhaarstrang (Peucedanum verticillare)
und Pfeifengras (Molinia arundinacea ›Transparent‹, oben).

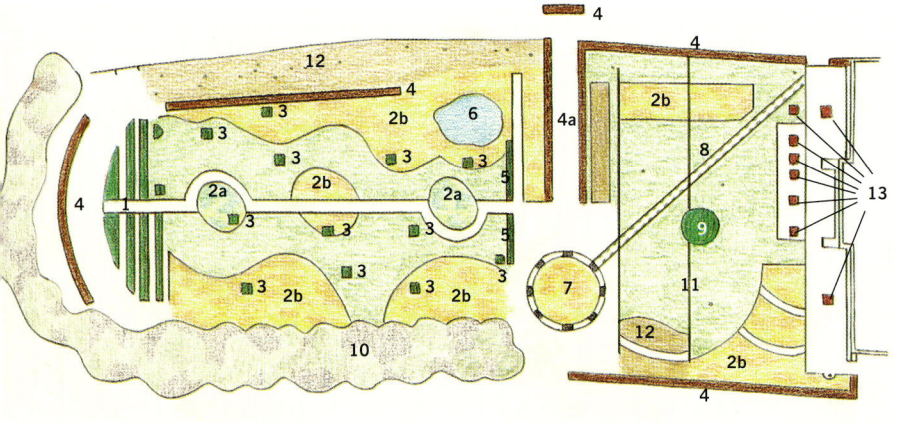

Im Spannungsfeld zwischen Tradition und Moderne

1 Schwingend formierte Eiben-Kulisse
2 Schräg ovale Beete mit wechselnder Wegführung
2a Bepflanzung mit Wollziest (Stachys byzantina ›Big Ears‹) und Taglilie (Hemerocallis ›Pardon Me‹)
2b Bepflanzung mit diversen Stauden und Gräsern
3 Runde Eibensäulen auf quadratischem »Podest«
4 Formierte Buchenhecke
4a Buchentunnel mit ausgeschnittenen »Fenstern«
5 Formierte Eibenhecke
6 Teich
7 Gräser-Rotunde
8 Diagonaler Weg mit Rasenaussparungen
9 Eiben-Tortelett
10 Hecke in geschnittener Wellenform aus Buche (Fagus), Eiche (Quercus), Feldahorn (Acer campestre), Haselnuss (Corylus), Felsenbirne (Amelanchier)
11 15 cm hohe, terrassierende Steinmauer zum Ausgleichen der Höhenunterschiede
12 vielfältige Gehölze
13 Blumenbeete

Die formale Basis

Piet Oudolfs Gärten spielen facettenreich mit Dualismen wie Tradition und Moderne, Form und Freiheit, Statik und Dynamik, Natur und Kunst, die in seinem Privatgarten zu jeder Jahreszeit, besonders eindrucksvoll aber im Winter, in der Synthese von formal-architektonischen und freien naturhaften Strukturen einen stimmungsvollen Ausdruck finden. Formal sind zum einen die geraden Wege, die als Blickachsen fungieren, dabei jedoch das traditionelle Modell modifizieren. So durchschneidet der Weg den vorderen Gartenteil nicht rechtwinklig, sondern diagonal, führt aber im klassischen Sinn auf einen ebenmäßig runden Blickfang zu, die Gräserrotunde. Im hinteren Gartenteil hingegen wird der traditionell-mittige Weg durch die ungewöhn-

lichen ovalen Medaillons der Beete mal abgelenkt, mal unterbrochen.

Den formalen Rahmen des Gartens bilden schwingende Eibenkulissen und formierte Buchenhecken, die den winterlichen Garten mit den grünen und braunen Tönen ihres Laubs bereichern. Doch auch hier zeigt Piet Oudolf Gefallen am Abweichen von der Regel. Wer gelernt hat, dass formalen Elementen eine statische Wirkung zu Eigen ist, muss dies angesichts der wogenden Eibenwände mit ihrem sanften Wellenrhythmus revidieren. Innerhalb des Gartens fungieren Eibensäulen auf quadratisch formierten Podesten sowie ein kreisrundes Eibentortelett als asymmetrische Blickfänge und verleihen dem Garten Räumlichkeit und Farbe, während den Stauden und Gräsern eher die informelle Rolle zukommt.

Oben: *Das Sprichwort »Keine Regel ohne Ausnahme« gilt auch für den Einsatz von Gräsern. Zum Beispiel in der Rotunde aus Buchs und Backstein, in der Chinaschilf* (Miscanthus sinensis ›Malepartus‹) *und Palmwedelsegge* (Carex muskingumensis) *zur Abwechslung einmal als formaler Blickfang fungieren.*
Linke Seite: *Der Reif unterstreicht die axiale Dramaturgie auch farblich und konturiert die wogenden Eibenkulissen, die sich vor dem Braun der Buchenhecke verstärkt abheben.*

»Ein Garten, der das jahreszeitlich bedingte Werden und Vergehen zeigt, wirkt stimmungsvoll und weckt Emotionen«, begründet Piet Oudolf sein Plädoyer für Stauden mit Winterstabilität, für deren Selektion er und seine Frau seit über 20 Jahren züchterisch tätig sind. Inzwischen stehen viele Pflanzen für den Garten zur Verfügung – nun muss nur noch so mancher Gartenliebhaber seinen Sinn für die Ästhetik des Vergehens schärfen.

Oben: *Auch Samenstände können mit unterschiedlichen Formen und Texturen aparte Gartenszenen entwerfen. Von Raureif versilbert glitzern im Licht Chinaschilf (Miscanthus sinensis ›Silberspinne‹) und Buschmalve (Lavatera cachemeriana).*
Rechts: *In ihrer Grisaille-Technik harmoniert Flora malerisch mit den Tönen des Winters und täuscht am Ende der Blickachse die Plastizität einer Skulptur vor. Die formale Strenge von Weg und axialem Blickfang wird durch den anscheinend freien, ungezügelten Wuchs der Stauden abgemildert. Links brillieren* Eupatorium maculatum ›Atropurpureum‹, Molinia arundinacea ›Transparent‹ *sowie die Köpfchen von Monarden (links) und* Echinacea purpurea *(vorne), während die langen Triebe von* Nicotiana langsdorfii *weit in den Weg hineinschwingen.*

Oben: *Piet Oudolf empfiehlt, sonnenhungrigen Pflanzen Platz zu einzuräumen und sie nicht durch Hecken, Mauern oder andere Partner zu bedrängen. Gräser und transparent wirkende Stauden, wie die Wilde Karde* (Dipsacus fullonum), *sehen in freien Beeten im Spiel des Lichtes am besten aus.* Mitte: *Die weißen Blütendolden des Riesenhaarstrangs* (Peucedanum verticillare) *sitzen auf bis zu 2 Meter hohen, hohlen Stängeln.* Unten: *Besondere Winterfestigkeit zeichnet die etagenartig übereinander stehenden Quirle des Brandkrauts* (Phlomis russeliana) *aus, die sich ebenfalls von ihrer schönsten Seite zeigen, wenn sie nicht vom langen Schatten der Gehölze gestreift werden.* Rechte Seite: *Die blauen Glockenblüten der Staudenclematis* (Clematis integrifolia) *setzen seidenweiche Samenstände an, die der Frost in weiße Tuffs verwandelt.*

Die dynamischen Stimmungsträger

Den Wandel der Jahreszeiten lassen vor allem Stauden und Gräser erleben, die bis in den Winter hinein ein markantes, wenn auch verändertes Erscheinungsbild bewahren und durch Form, Größe und Farbe zu Repräsentanten der Saison werden. Nicht nur durch ihren Vegetationszyklus und das damit verbundene wechselnde Farbspiel von Blüten und Laub bringen sie Dynamik in den Garten. Den winterlichen Garten bereichern Stauden und Gräser

- mit ihrem Wuchs – sei er nun filigran oder wuchtig, straff aufrecht oder geschmeidig elegant überhängend,
- mit lange haftendem Fruchtschmuck,
- mit Textur und Färbung ihrer Stängel sowie des durch den Frost veränderten Laubs.

Piet Oudolf widmet Stauden und Gräsern eigene formale Beete oder lässt sie in mächtigen Rabatten vor Gehölzen ihren ganzen Zauber entfalten. Dabei achtet er darauf, im floral reduzierten Garten das schräg einfallende Winterlicht als zusätzliches Gestaltungselement zu nutzen. Denn erst eine richtige Platzierung der Pflanzen kann den oft schleierdünnen Samenständen und den ätherischen Gräsern im Gegenlicht zu einem fulminanten Auftritt verhelfen, sodass sie bei Sonne zu golden-funkelnden oder silber-bereiften Fontänen, fein texturierten Geweben oder gar hauchzarten Schleiern werden, die mit dem Licht den Garten beleben.

Blüten vom Frost überrascht

Eindrücke von märchenhafter Unwirklichkeit kann ein Garten bescheren, bevor er sich zur Ruhe bettet. Wenn der Winter mit leisen Minusgraden sein Erscheinen ankündigt und den glutvollen Herbstfarben der Pflanzen einen Vorgeschmack seiner eisigen Herrschaft aufzwingt, überzieht er auch letzte Blüten von Kletter- und Ziergehölzen, wie die von spät- und nachblühenden Clematis (linke Seite) oder Rosen (Beetrose ›Nina Weibull‹, oben), aber auch den müden Flor von Stauden oder Sommerblumen mit pudrigem Glitter, der ihre Konturen verstärkt und ihnen fast überirdische Plastizität verleiht.

Floraler Zauber in eisiger Konfrontation

An behaarten Blättern, wie denen des Nepalensischen Storchschnabels (Geranium wallichianum), *setzt sich der Reif wie Puder ab. Andere hohe Geranium-Arten blühen übrigens oft im Herbst erneut, wenn man sie nach der Blüte handbreit zurückschneidet.*

Nicht selten legt es der Winter darauf an, mit seinem Auftritt einen Überraschungs-Coup zu landen und wie aus dem Nichts auftauchend über Nacht die noch in warmen barocken Spätherbsttönen blühende Gartenpracht mit seinem eisigen Hauch zu streifen. Sinken die Temperaturen unter 0 °C, schlägt sich der Tau als Reif, Nebel als glitzernder Raureif an Pflanzen und Gegenständen nieder. Diese klimatologische Erscheinung wird von uns Menschen stets als optisches Wunder erlebt. So wie ein Kajalstift die Form des Auges vor dem helleren Teint der Haut betont, konturiert der Reif Blüten und Blattformen mit kristallinem Weiß,

das unter Sonneneinfall irisierend zu glitzern beginnt. Flächige Blätter und Blüten werden in ihren Konturen zuckrig gesäumt, gefüllte Blüten erhalten ein Spitzenröckchen, das sie noch plastischer wirken lässt. Ein ebenso ästhetisches wie tödliches Schauspiel, in dem sich der Winter zarter, anmutiger Blüten zu bemächtigen scheint, um sie seinem Reich des Anorganischen einzuverleiben und hermetisch in funkelnden Eiswelten zu konservieren. Dieser Eindruck täuscht jedoch, wie jeder Pflanzenfreund beobachten kann. Frostrobustere Blüten von Gehölzen und Stauden wie Rosen, spätblühenden Clematis oder Horten-

sien, Astern oder Eisenhut können etlichen frostigen Angriffen noch mit Farbechtheit trutzen. Frostempfindliche Sommerblumen oder vom Frost überraschte Dahlien hingegen verbräunen und verfaulen oft schon nach einem einmaligen Ausflug ins Reich des Eises. Bizarr geeiste Blüten ermöglichen späte Stauden wie Herbsteisenhut *(Aconitum carmichaelii)*, Herbstanemone *(Anemone hupehensis)*, Herbstastern, Knöterich *(Bistorta amplexicaulis)*, Oktobersilberkerze *(Cimicifuga simplex)*, Herbstchrysantheme *(Dendranthema*-Hybriden), Oktobermargerite (Leucanthemella serotina), Wasserdost *(Eupatorium maculatum)*, Fallschirm-Rudbeckie *(Rudbeckia nitida)*, Fetthenne *(Sedum telephium, S. spectabile)* und späte Goldrute *(Solidago caesia* ›Spätgold‹).

Die schönsten überzuckerten Anblicke bieten jedoch späte Rosen. Dauerblühende Beetrosen oder öfterblühende Strauch- und Kletterrosen lassen den Wintereinzug in romantischen Blütentransformationen erleben.

Rosen mit reichem, spätem Blütenansatz

▷ ›Dortmunder Kaiserhain‹ (Strauchrose)

▷ ›Grandhotel‹ (Strauchrose)

▷ ›Lichtkönigin Lucia‹ (Strauchrose)

▷ ›Schneewittchen‹ (Strauchrose)

▷ ›Vogelpark Walsrode‹ (Strauchrose)

▷ ›Westerland‹ (Strauchrose)

▷ ›Rosarium Uetersen‹ (Strauch-/Kletterrose)

▷ ›Goldener Olymp‹ (Kletterrose)

▷ ›Lawinia‹ (Kletterrose)

▷ ›New Dawn‹ (Kletterrose)

An Fontänen bereifter Perlen erinnern die schlanken, elegant überhängenden Rispen des Schmetterlingsstrauches (Buddleja-Davidii-*Hybriden). Die Triebe, die in rauen Regionen im Winter oft weit zurückfrieren, sollten erst im zeitigen Frühjahr stark eingekürzt werden. Denn die duftenden, bei Schmetterlingen so beliebten Blüten bilden sich an den jeweils neuen, einjährigen Trieben.*

Gemüse im Winter

Frost und Gemüse vertragen sich nur in Ausnahme-
fällen. Die meisten frostempfindlichen Gemüsearten, allem voran Fruchtgemüse wie Tomaten,
Bohnen, Kürbis (oben) und Zucchini, aber auch
Salate erntet man Gaumenfreuden zuliebe schon
vor Eintritt der Kälte. Warum jedoch nicht bei einer
Gemüseschwemme den einen oder anderen Kü-
chenschatz einem ästhetischen Anblick zuliebe dem
Frost übereignen? Der einfallende Winter wird ihn
vorübergehend in ein Bild barocker Vergänglichkeit
transformieren. Wer jedoch im Gemüsegarten lukul-
lische mit optischen Freuden verbinden möchte,
kann dem Frost das kleine Sortiment der Winter-
gemüse – wie Grünkohl (linke Seite), Rosenkohl,
Porree oder Feldsalat – als Spielmaterial zur
Verfügung stellen.

Roter Stielmangold (Sorten wie ›Feurio‹, ›Vulkan‹, ›Rhubarb Chard‹) ziert sommerlang als prächtige Blattschmuckpflanze Gemüse- und Blumenbeete. Nach ersten Frösten beginnen seine Blätter und Stiele jedoch schnell zu faulen. Schneidet man sie ab und schützt die zweijährige Pflanze mit Laub oder Reisig, beschert sie im Folgejahr nochmals eine kleine Ernte, bevor sie zu blühen beginnt.

Vergängliche Opulenz

Die meisten Gemüsearten, die ja primär für Küche und Gaumen gedacht sind, wird man spätestens im Herbst vom Beet ernten, damit sie nicht dem Frost zum Opfer fallen. Einige von ihnen sind jedoch auch wintertauglich. So entwickeln Grünkohl und Rosenkohl erst nach einer Prise Frost (bis ca. −10 °C) ihr volles Aroma und stehen deshalb in kalten Regionen bis Dezember, in milden Lagen bis März dem Reif für filigrane Spielereien zur Verfügung. Der Star unter ihnen ist zweifellos Grünkohl, der mit seinen länglichen, stark gekrausten Blättern im Frost zu weiß-pludriger Schönheit aufläuft. Je nach Sorte wird er 30 bis 100 Zentimeter hoch und kann damit im Winter plan daliegende, leere Gemüsebeete mit abwechslungsreichen Höhenstrukturen bereichern. Da seine Blätter von unten nach oben geerntet werden, nimmt dieser winterliche Blattschmuck mit der Zeit oft ein groteskes Aussehen an. Weiß- und Rotkohl hingegen vertragen nur kurzfristig Temperaturen bis −5 °C und sollten deshalb rechtzeitig eingebracht werden.

Immergrüne Winterköstlichkeiten sind auch Winterporree und Winterheckzwiebeln, die bis zum Frühjahr mit ihren schlanken blaugrünen Wuchsformen für Abwechslung sorgen, während Feldsalat und Winterspinat durch ihren niedrigen Wuchs optisch wenig Fernwirkung besitzen und oft vom Schnee bedeckt werden.

Frostiger Zauber am Wasser

»Pauke und Harfe« nannte Karl Foerster die Kombination von runden und linealischen Blattformen. Am Teich präsentieren sich auf diese Weise silberverbrämt im Reif Seerosenblätter und Schilf (linke Seite), während am Wasserrand Röhricht, Rohrkolben, Gräser (oben) und Gehölze zu einer strikt linearen Zeichensprache übergehen. Beim Zufrieren verwandelt sich auch die leicht irritierbare Wasseroberfläche vom makellosen Spiegel zum stumpfen, bleigrauen Milchglas. So entwickeln sich große und kleine Teichlandschaften zu erstarrten Gegenwelten des sommerlichen, von Licht und Wind bewegten Formen- und Farbspiels von Pflanzen und Wasser.

Sichtbare Stille und eingefrorenes Licht

Rechte Seite oben:
Gespinstartig reflektiert der noch nicht zugefrorene Teich die feinen Verästelungen laubabwerfender Gehölze und formstabiler Stauden, wenn Raureif oder Schnee ihre Strukturen nachzeichnen.

Rechte Seite unten:
Weiß gegen Eis lautet die Devise des Winters bei reduzierter Bepflanzung am Teich. Die massiven Trittsteine, die sich im Sommer harmonisch in das Wasser einpassen, werden mit einer Schneeauflage zu flächigen, weißen Akkorden, die die blinde Eisdecke beleben.

Am Wasser kann man besonders deutlich beobachten, wie im November das Leben vorübergehend zum Erliegen kommt. Bewegtes Nass verliert Dynamik und Stimme, denn Pumpen, die Bachlauf, Brunnen, Springbrunnen und Quellsteinen glitzerndes Leben verliehen, müssen im Winter eine Ruhepause einlegen. Becken mit senkrechten Wänden müssen, um Frostrissen zu entgehen, leergepumpt werden. Aber auch am Naturteich beginnt sich die Wasserwelt grundlegend zu verändern. Uferrandstauden ziehen ein, behaupten sich wie Gräser mit Samenständen oder legen Winterfarben an, sommergrüne Gehölze gewinnen durch Laubfall an skelettartiger Transparenz – und die tiefstehende Sonne wirft ein milchiges Licht und täglich längere Schatten.

Der offene Teich im Frühwinter

Während streng geometrischen Teichen als formales Gestaltungselement im Garten stets eine herausgehobene oder gar kontrastive Funktion zukommt, empfindet man naturnahe Teiche und ihre Randbepflanzung in Zusammenschau eher als verwachsenes Ensemble. Bei Einbruch des Winters behalten formale Teiche ihre dominante Formsprache. Möglicherweise tritt der konturierende Beckenrand durch den Rückzug pflanzlicher Formen noch mehr in den Vordergrund, andererseits werden der oftmals graue Himmel und das diffuse Licht die Wasseroberfläche durch weniger farbenfrohe Spiegelungen beleben.

Am Naturteich wird der saisonale Wandel noch deutlicher. Die Randbepflanzung lichtet sich oder zieht sich ganz zurück und gibt die einst umgrünte Wasserfläche ungeschützt den Blicken preis. Andererseits sind mächtige, dunkle Laubgehölze des Randbereichs nun kahl. Sie lassen den Teich freundlicher und lichter erscheinen und setzen sich an sonnigen Tagen wie lange Spinnenfinger in den Spiegelungen seiner Wasseroberfläche fort. Dem Auge aber bietet sich ein idyllisches Wintermärchen, wenn solche Rahmengehölze oder Gräser dick vom Raureif überzogen sind. Es empfiehlt sich deshalb je nach Größe des Teichs in seine direkte Nähe unbedingt einen oder mehrere formbeständige Gräser und Gehölze zu pflanzen, die solch zauberhafte Winterimpressionen garantieren.

Der zugefrorene Teich im Winter

Zugefrorene Teiche haben die Lebendigkeit des Wassers und sein transparentes Glitzern verloren. Sie erscheinen als markante milchige Fläche, auf der sich wie auf einem Rasen die langen Schatten von Gehölzen diffus abzeichnen. Reif und Schnee können auf diesen Eisflächen die wundersamsten Kristalle oder wellenartige Schneeverwehungen im Kleinformat ausbilden. Wichtig: Bewahren Sie mit einem Eisfreihalter eine kleine Fläche vor dem Zufrieren und räumen Sie auf Eisflächen zumindest partiell den Schnee, damit Fische und Pflanzen Sauerstoff und Licht erhalten.

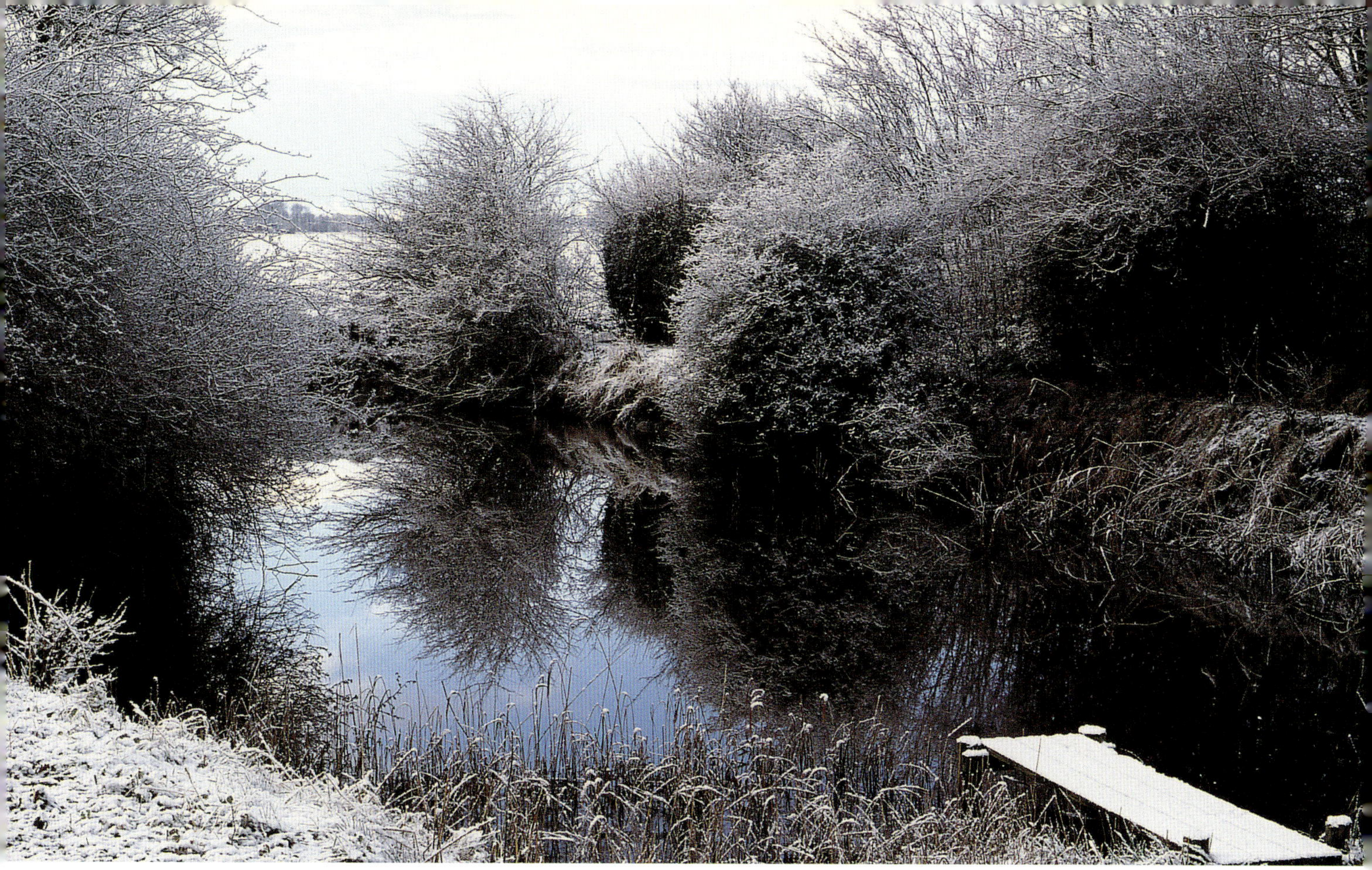

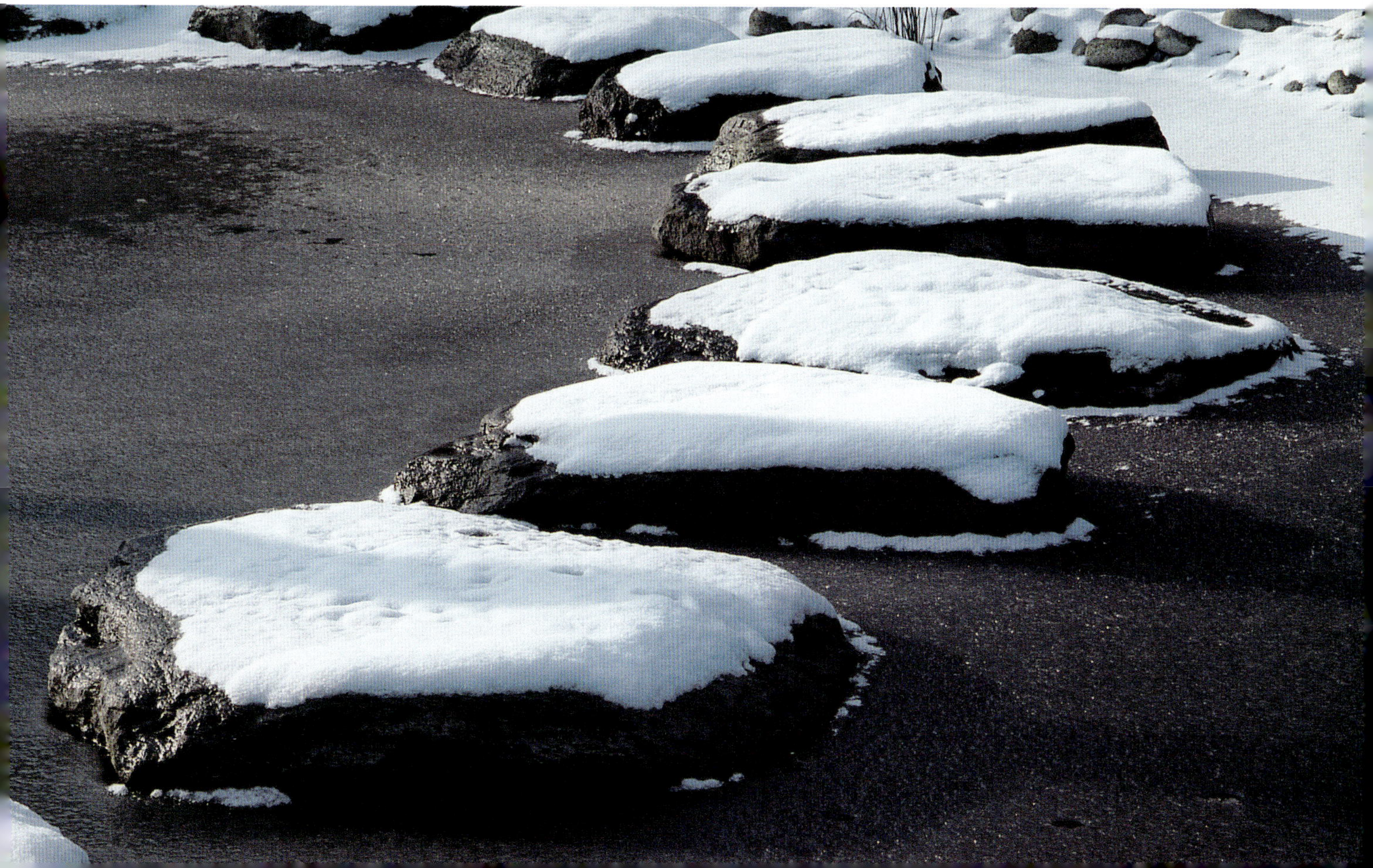

Poesie und Purismus

Gartenszenerien in Nebel und Dunst, Raureif und Schnee

Die Kondensation des Wasserdampfes in Form von Dunst, Nebel und Wolken zaubert im weichen Licht der Jahreszeit traumverlorene Stimmungsbilder, während deren winterliche Niederschläge als Reif, Raureif und Schnee den Garten in eine feenhafte Glitzerwelt verwandeln. Ihr Weiß erhellt die dunkle Jahreszeit und beginnt ein fantasievolles Spiel mit Texturen. So führen lineare Schneeauflagen auf den dunklen, entlaubten Trieben von Glyzinen zu ausdrucksstarken expressionistischen Kontrasten und verwandeln die Lianen in magische Schlangen (oben), während daunige Schneeflächen Bänke wattieren oder lockere Schneetupfer im Geäst Kirschbäume »erblühen« lassen (linke Seite).

Oben und rechts: *Japanische Gärten verlieren auch im Winter nichts von ihrer meditativen Zeitlosigkeit.*

Klimatologische Mystik

Bei Temperaturen unter 0 °C schlägt sich Tau als Reif, Nebel oder Dunst als Raureif, Wasser aus Wolken als Schnee oder Eis nieder. Reif wie Raureif benötigen »Anhaltspunkte« wie Halme, Stängel, Äste, Ränder und Flächen von Blättern und Blüten, die besonders zauberhaft aussehen, wenn sie fein behaart sind oder eine unebene Textur aufweisen.

Das englische »grass-frost« für Reif bezeichnet eine typische Erscheinung: Grashalme sind wie Dächer, Zäune und viele andere Objekte gegen die noch bestehende Erdwärme etwas isoliert, sodass sich der Reif als Erstes an ihnen zeigt. Dieses Phänomen macht auch lokale Temperaturunterschiede sichtbar. So kann man im freien Land bereifte Wiesen sehen, während die Rasenfläche eines eingezäunten Gartens daneben noch unbereift ist, weil der Zaun einen minimalen Wärmeschutz bietet.

Nebel und Dunst hingegen schlagen sich in unterschiedlich großen Eiskristallen, dem Raureif nieder, der sich bei ruhigem Wetter gleichmäßig nach allen Seiten hin absetzt, bei Wind jedoch diesem entgegen wächst. Gräser können dadurch regelrechte Eisfahnen hissen, die mit wachsender Entfernung vom Boden nach oben zunehmend breiter werden.

Gartenräume
und ihre Gliederung

Ein Garten, der im Winter gefällt, ist auch in dieser Jahreszeit harmonisch strukturiert und unterteilt. Um ihn als Raum wahrzunehmen, benötigt er einen dauerhaften Rahmen (oben), der ihn definiert und dem Betrachter Geborgenheit vermittelt. Die Füllung des Gartenraums aber, die Untergliederung mit horizontalen (linke Seite) und vertikalen Bepflanzungen oder Elementen, deren Gewichtung und Proportionen bilden sein internes Gerüst, das ihn stimmungsvoll und abwechslungsreich macht. Treten diese Komponenten im Winter klar hervor, werden auch sie, je nach ihrer Beschaffenheit, in lockerer oder geschlossener Form, von Raureif und Schnee verzaubert.

Oben: *Eine dünne Schneeschicht genügt, um Blickachsen und Formen mehr Plastizität zu verleihen als das sommerliche Grün. Während das Weiß den Weg zum Band macht, gewinnen die voluminösen Buchskugeln optisch an Gewicht.*
Unten: *Immergrüne Schnitthecke und Bogen ermöglichen auch im Winter Gartenräume abzutrennen und Tiefe zu inszenieren. Gleichzeitig belebt das geschlossene und gesprenkelte Weiß des Schnees auf Weg und Hecke das Bild.*

Winterliche Strukturen durc█

Während in streng formalen Gärten klar umrissene Konturen von Beeten und Wegen sowie immergrüne Einfassungen, Hecken oder Topiary auch im Winter für grafische und ausgewogene Proportionen sorgen, sind frei gestaltete Gärten durch ihr unregelmäßiges Design eher in Gefahr, im Winter unausgewogen zu wirken. Deshalb sollten hier markante Strukturelemente mit Winterpräsenz den Gartenraum definieren und ihm durch ihre Verteilung rhythmische Bewegtheit verleihen. Am einfachsten gelingt dies mit immergrünen Gehölzen, deren natürlicher oder formierter Wuchs im Winter für geschlossene Formen, Körperlichkeit und Farbe sorgt. Hier wichtige Überlegungen, mit denen winterliche Gliederungselemente den Garten effektvoll gestalten:

• Tragen sie Dichte (wie immergrüne Gehölze, Mauern, Pavillons) oder Transparenz (wie laubabwerfende Gehölze, Pergolen, Rankgitter, Lauben) in den Garten?

• Haben sie klare geschlossene Formen (wie immergrüne Gehölze, Schnitthecken, Bögen) oder frei verästelte Formen (wie laubabwerfende Gehölze, frei gestaltete Hecken, Gräser)?

• Bieten sie konturierte glatte Auflagenflächen wie die Schnittflächen von Buchseinfassungen, Wege, Rasen, Teichoberflächen, auf denen sich Reif und Schnee in homogenem

Pflanzen und Elemente

Weiß niederschlagen, oder sorgen ihre un-
ebenen Oberflächen für weißgesprenkelte
Gestalten, deren geschecktes Muster die einst
massiven Fabrflächen auflockert?

Horizontales Flächendesign

Während Beete, Rasen, Sitzplätze und Teich
als Flächen in Erscheinung treten, strukturie-
ren Wege, Bachlauf, niedrige Einfassungen
den Garten in Form von Linien oder Bändern.
Je nach Art ihrer Oberfläche erhalten Schnee
und Raureif darauf eine unterschiedliche Textur. Ebener Rasen, Plattenbeläge und gefrore-
ne Wasseroberflächen werden dabei zu ruhi-
gen, einheitlich weißen Flächen, während gro-
bes Kopfsteinpflaster, ein welliger Rasen oder
ein Beet mit flachen Stauden je nach Unterlage ein weißes Mäntelchen von gemusterter,
lebhafter oder gar unruhiger Oberflächenbeschaffenheit erhält. So hebt sich aufgrund dieser Texturunterschiede Piet Oudolfs Beet mit
Wollziest (Bild S. 12) im Winter genausogut
vom Rasen ab wie im Sommer und Herbst
aufgrund seines silbernen Laubes.

Vertikale Raumbildung

Um den Garten in Räume zu unterteilen sind
Schnitthecken mit immergrünen Gehölzen,
wie zum Beispiel Eibe *(Taxus)*, Thuja oder

Oben: *Auch unbelaubt kann sich der rundkronige und dichttriebige Rotdorn
(Crataegus laevigata ›Paul's Scarlet‹) am Pinpong der Buchskugeln beteiligen.
Einen aparten Kontrast bildet der Riegel aus halbhoher Hecke und Bank.*
Unten: *Als Formspiel und Blickfang zugleich treten Brunnenrondell und
Koniferenkegel mit ihren unterschiedlichen Texturen und Farben vor dem
gleichmäßig weiß beschneiten Rasen hervor.*

Rechts und unten: Bänke, die von immergrünen Schnitthecken umgeben sind, gewinnen im leicht überzuckerten Winterkleid noch deutlich an Präsenz und sind stimmungsvolle Elemente, deren grüner »Plüsch« durch fantasievolle Konturen auch anmutig weichen Charakter annehmen kann.

Lorbeerkirsche *(Prunus laurocerasus)* die erfolgreichsten Vertreter. Während sie gleichzeitig die Farbe Grün verbreiten, kann man mit den ebenfalls gut schnittverträglichen Buchenhecken und ihrem lange haftenden Laub den winterlichen Garten mit Brauntönen beleben. Eine auch im Winter sehr attraktive, aber etwas lockerere Raumstrukturierung lässt sich mit kleinen Alleen oder Reihen von formierten immergrünen Kugeln und Kegeln erzielen. Mauern, Rankwände und Pergolen, die als Raumteiler oder Kulissen im Garten dienen, verlieren im Winter oft ihre sommerliche Anmut, wenn ihre sonst malerische Begrünung mit Kletterpflanzen nur wirre, dürre Triebe über unansehnlichem Mauerwerk zeigt. Völlig anders wirken sie hingegen, wenn immergrüner Efeu *(Hedera helix)* oder immergrüne Geißschlinge *(Lonicera henryi)* an ihnen emporturnt oder Pergola und Rankgitter selbst farbig oder von erlesener Ausfertigung sind. Dies gilt übrigens auch für Rosenbögen, Obelisken, Laubengänge, Lauben und Pavillons, die ebenfalls als Raumteiler den winterlichen Garten strukurieren und dabei oftmals gleichzeitig als Blickfang fungieren.

Die ornamentale Grafik des Winters

Markante und dekorative Gehölzformen

Die wichtigsten Pflanzen, die zu allen Jahreszeiten Basis und Gerüst des Gartens bilden, sind die Gehölze. Dennoch verändert sich, wenn alles farbenfrohe Blühen und krautige Wachstum vergangen ist, ihre Wirkung. Immergrüne Bäume und Sträucher gewinnen im »leerer« gewordenen Garten durch ihre geschlossenen Formen und Flächen an Dominanz, während unbelaubte sommergrüne Gehölze in grafischen Linienführungen ihre Wuchsformen und Verästelungen offenbaren. So werden Linie, Fläche und Form zu ästhetischen Stilmitteln des Wintergärtners, zu denen ihn vor allem Gehölze befähigen. Jedes gute Gartendesign wird deshalb deren Winteraspekt von Anfang an in seine Planung mit einbeziehen.

In Gartenpartien mit blattlosen Gehölzen und stoppeligen Rosen übernehmen anstelle von Immergrünen auch kräftige, ausdrucksstarke Stämme und Gartenaccessoires, wie zum Beispiel eine winterfeste Teakbank, die Rolle von Ruhepolen zwischen den metallisch bereiften Gespinsten der fein verästelten Triebe.

Neue Dimensionen sommer- und immergrüner Gehölze

Weichtriebige Stauden und Gräser beugen sich rundrückig unter dem Mantel aus Schnee und greifen damit in diesem Beet das Kugelmotiv des Buchses auf. Überlagert wird das Ensemble von der halbrunden Krone des Zierstrauchs, dessen dunkles Winterlaub ihn mit seiner dichten Schneeauflage als Blickfang hervortreten lässt.

Gehölze legen nicht nur Stil und Gerüst von Gärten fest, sondern verwandeln sie auch im Winter in ästhetische Gefilde, wobei immer-, winter- und sommergrüne Bäume und Sträucher sehr unterschiedliche Wirkungen erzielen.

Verlagerung der Akzente

Koniferen, immergrüne Laubgehölze und Gehölze mit lang haftendem Laub wie Hainbuche *(Carpinus betulus)* und Buche *(Fagus sylvatica)* besitzen als Formhecke die Flächenwirkung einer Wand, als Solitäre oft die Plastizität einer Skulptur. Durch ihre geschlossene Form und Farbdichte erfüllen sie den winterlichen Garten nicht nur mit Farbe, sondern werden auch schnell zum Blickfang. Laubabwerfende Gehölze hingegen verlieren mit ihrer Blattfülle an Schwere und geben in filigranen, transparenten Silhouetten ihre Wuchsformen und Verästelungsmuster preis. Selbst hohe sommergrüne Bäume treten deshalb optisch hinter immergrünen zurück. Während jene jedoch mit ihrem Gewicht und den vorwiegen klaren Konturen Ruhe und meist auch Statik in den Garten tragen, verkörpern die Scherenschnitte entlaubter Bäume und Sträucher in linearer, bizarrer bis wirrer Bewegtheit oder Dynamik deren Strukturen.

Spezielle Winter-Effekte

Gehölze verzaubern auf romantische Weise den winterlichen Garten. Der Raureif ummantelt dunkle Baumskelette und Verästelungen, aber auch immergrüne Nadeln und Blätter mit fein gesponnenen kristallinen Spitzen, während der Schnee je nach Wetter und Untergrund in flächigen Wattelagen oder kleinen Tuffs wie Baumwolle aufliegen kann.

Am Morgen lässt sich der winterliche Zauber in Garten und Natur am besten genießen, wenn der Raureif die Nadeln der Koniferen noch dick umfängt und die Gehölze wie aufgeplustert lange Schatten werfen. Bald aber wird sich an schönen Tagen die Sonne daran gütlich tun, sodass zu ihrer Seite hin, das grüne Nadelkleid wieder hervortritt.

Vor allem aber sollte das schräg einfallende Licht des Winters als wichtiger Gestaltungsfaktor berücksichtigt werden. Bei Sonneneinfall von vorn oder oben beginnen beschneite oder bereifte Bäume und Sträucher wie unter einem Diamantbehang zu glitzern und hauchen dem erstarrten Garten Leben ein. Bestrahlt die Wintersonne Gehölze jedoch von hinten, setzen sich deren Farben gegen das Weiß von Schnee und Raureif noch dunkler und kontrastreicher ab. Dabei werfen sie lange Schatten, wobei entlaubte Bäume lineare Muster auf Rasenflächen projizieren, während immergrüne Gehölze oder Formhecken mächtige dunkle Flächen hervorrufen. Solitärs im Rasen beseelen an sonnigen Wintertagen Gärten gleich zweifach: einmal mit ihrer weiß konturierten anmutigen Gestalt, zum anderen aber auch, weil sie die monoton beschneite Fläche als Leinwand für singuläre Schattenspiele nutzen. Da die Pflanzen nicht mehr so dicht stehen, vermögen aber auch Gehölzgruppen oder frei stehende Rankhilfen wie Pergola, Obelisk, Säule und Zaun ein grafisches Design auf einen Fond aus Schnee oder Reif zu zeichnen.

Tipps zum Gestalten

Ein Garten, dessen Gerüst auf vorwiegend immergrünen Gehölzen basiert, wie zum Beispiel eine formale Anlage mit Buchseinfassungen, leidet im Winter nicht unter »Ausfällen« oder strukturellen Löchern. Er bewahrt

Gespenstisch wie das Haupt der Medusa trägt dieser kurzstämmige Zierapfel sein breit ausladendes Geäst, das der Schnee schlangenhaft nachzeichnet. Eine Assoziation, die die immergrüne Japansegge (Carex morrowii) zu seinen Füßen noch unterstreicht.

seine ruhige, repräsentative Architektonik auch in Raureif und Schnee. Erst starke Schneefälle vermögen seine Kanten zu verwischen oder gar einzuebnen. An den Gartengrenzen gewähren immergrüne Hecken weiterhin Sicht- und Windschutz.

Im Winter blattlose Gehölze bieten dies hingegen nicht. Im Gartenraum selbst aber lassen sie sehr stimmungsvolle Impressionen aufleben und können ihm trotz aller Transparenz durch eine in die Tiefe gestaffelte Bepflanzung Räumlichkeit verleihen. In frei gestalteten Hecken und Gehölzgruppen zahlt es sich nun aus, wenn die Gestaltung auf Abwechslung der Wuchsformen und Strukturen geachtet hat. So bewährt es sich, breit- oder rundkronige Gehölze mit Säulenformen zu kombinieren, fein verzweigte mit gröber strukturierten, locker aufgebaute mit dichttriebigen. Je bewegter und filigraner die Triebe sind, desto ruhiger sollte ihre Umgebung gestaltet sein. Ideal erweist sich die Kombination mit Koniferen, immergrüner Topiary oder anderen formprägnanten Elementen wie Bank, Stein oder winterfestem Gartenschmuck.

Tipp: Den Hintergrund mit einbeziehen

Für idyllische Winterbilder sorgen Gehölze, die strategisch im Umfeld platziert wurden. So werden vor verschneiten Rasenflächen oder einem Teich feine Verästelungen sehr deutlich, während ein immergrüner Hintergrund aus Rhododendren oder Koniferen helle oder beschneite Triebe gut hervortreten lässt.

Strukturbildner und Blickfang im Winter

Als Torwächter bereiten zwei stattliche Eiben Besuchern mit hoher, lang-oval geschnittener Gestalt einen imposanten Empfang und bringen gleichzeitig das formstarke Eingangstor geschickt zur Geltung.

Im Blickfeld liegende Gehölze wie ein Hausbaum, ein Solitär an Terrasse, Teich, Treppe, im Rasen oder in einem Beet, müssen auch im Winter reizvoll sein. Während immergrüne Laub- und Nadelgehölze dies bereits durch ihre geschlossene Gestalt und Farbe erreichen, sollten sich blattlose Bäume und Sträucher in dieser Lage durch einen malerischen oder interessanten Wuchs auszeichnen.

Entblätterte Schönheitsgalerie

Als formschön empfindet man bei sommergrünen Gehölzen folgende Eigenschaften:

• Überhängende Triebe, wie bei Trauerbirke (*Betula pendula* ›Youngii‹), bei Japanischer Hängeblütenkirsche (*Prunus serrulata* ›Kikushidare-zakura‹), Schmalblättrigem Sommerflieder (*Buddleja alternifolia*) oder Prachtspiere (*Spiraea* x *vanhouttei*).

• Mehrstämmigkeit, wie bei Rostbartahorn (*Acer rufinerve*), Judasbaum (*Cercis siliquastrum*) oder Schwarzbirke (*Betula nigra*).

• Etagenförmiger Wuchs, wie er für den Japanischen Schneeball (*Viburnum plicatum* ›Mariesii‹), den Etagenhartriegel (*Cornus controversa*) oder den Japanischen Blumenhartriegel (*Cornus kousa*) kennzeichnend ist.

• Schirmartige Rundkronen, wie sie Japanischer Schlitzahorn (*Acer palmatum* ›Dissectum‹) oder Essigbaum (*Rhus typhina*) tragen.

• Bizzare, skurrile Triebe wie die von Korkenzieherhasel *(Corylus avellana* ›Contorta‹), Gespensterbuche *(Fagus sylvatica* ›Tortuosa‹), Korkenzieherweide *(Salix matsudana* ›Tortuosa‹) oder die der Chinesischen Drachenweide *(Salix udensis* ›Sekka‹).

Gehölze als Architektur und Skulptur

Unübertroffene Formgeber im winterlichen Garten sind immergrüne formierte Gehölze, wie Buchs *(Buxus)*, Eibe *(Taxus)*, Thuje *(Thuja)*, Lorbeerkirsche *(Prunus laurocerasus)*, Stechpalme *(Ilex)* oder Efeu *(Hedera)*, die als Heckenwände, Durchgänge und Bögen den Garten unterteilen oder ihm als dekorative Kugeln, Kegeln, Quadern oder Fantasiegestalten Glanzlichter aufsetzen. Nicht zu vergessen die zahlreichen Koniferen, die sogar ohne Schnitt geometrisch zu Säulen, Kegeln oder kleinen Kugeln heranwachsen.

Andererseits lassen sich auch zahlreiche sommergrüne Gehölze zu Schnitthecken trimmen, die allerdings im Winter den luziden Charakter von Gitterwänden annehmen.

Als grafische Elemente fungieren auch Flechthecken aus Hainbuche und Linde sowie Kleinbäume mit Kugelkronen, wie die dichttriebige Kugelsteppenkirsche *(Prunus fruticosa* ›Globosa‹), Kugelakazie *(Robinia pseudoacacia* ›Umbraculifera‹), Kugeltrompetenbaum *(Catalpa bignonioides* ›Nana‹) oder Kugelahorn *(Acer platanoides* ›Globosum‹), die als Paar oder in kleinen Alleen Blickachsen vorgeben können.

Oben: *Wie dunkelgrüne Architektur ragen Eibenwände und -säulen aus dem elegisch bereiften Garten empor und bilden mit Farbe und Form einen beeindruckenden Hintergrund für die feinfädigen Zweige der Sträucher. Deutlich hebt sich im Raureif auch die grobe Flächentextur der Gehölzunterpflanzung vom fein texturierten Rasen ab, den eine Amphore als formschöner Höhenakzent belebt.*

Unten: *Die Konsequenz dieses immergrünen formalen Gartens tritt im konturierenden Flächenspiel des Raureifs noch deutlicher als zu anderen Jahreszeiten hervor. Buchs in Form von Kugeln und Riegeln sowie halbhohe immergrüne Eibenhecken beeindrucken auch im Winter mit ihrer Plastizität und geben dem Garten Fülle. Der frostfeste Gartenschmuck in Form von zwei steinernen Fruchtkörben am Beckenrand markiert den Anfang einer kleinen Blickachse, die bei der Steinskulptur zwischen zwei Lorbeer-Halbkugelbäumchen endet.*

Im Sommer ist dieser Gartenteil ein gelb-weißer Blütentraum. Im Winter macht ihn der Kontrast von immergrünen Gehölzen, die nach Höhen gestaffelt in verschiedenen Formen architektonische Räumlichkeit andeuten, mit kahltriebigen Laubgehölzen romantisch und erlebnisreich. Vor der Kulisse einer imposanten Ligusterkuppel präsentieren sich sommergrüne Sträucher wie gelbe und weiße Rosen (im Vordergrund links) und eine Weigelie mit gelbweißen Blättern im Sommer (Weigela florida ›Variegata‹, im Vordergrund rechts), im Winter in ungewohnt stakseliger Weise, während andere mit luftig wirren Verästelungen überraschen.

Winterstabile Gräser und Stauden

Wer es nicht allzu genau nimmt mit dem Herbstputz im Staudenbeet und die einstigen Schönheiten nicht handbreit zurückschneidet, kann den Garten um delikate Wintereindrücke bereichern. Zugegeben: Stauden, die nur kurzzeitig auf dem Beet brillieren oder nach ersten Frösten tödlich getroffen in sich zusammensacken, sind nicht wintertauglich. Andere jedoch mit festen Stängeln und schönen Samenständen, wie hohe Fetthennen (Sedum spectabile, S. telephium, *oben*) ziehen sich niedliche Schneemützchen über oder weben wie stabile Ziergräser schleierartige Dessins in den Garten, während immergrüne bodendeckende Stauden Ton-in-Ton gehaltene Teppichmuster entwerfen.

Poetischer Nachhall floraler Pracht

Oben: *In mächtiger Fontäne ergießt das Pfeifengras (Molinia arundinacea ›Transparent‹) im verwunschenen Raureifgarten von Anja und Piet Oudolf seine Grannen zu Boden.*

Rechts: *Auch über den Tod hinaus bewahrt die Elfenbeindistel (Eryngium giganteum) ihre metallene Schönheit, die sich effektvoll von den verbräunten Samenständen der Indianernessel (Monarda) abhebt. Bei ihrem Abstecher ins Reich der Gräser umgeben sie Lampenputzergras (Pennisetum alopecuroides ›Cassian's Choice‹), rotbraune Rutenhirse (Panicum virgatum ›Rehbraun‹) und Kleines Präriegras (Schizachyrium scoparium).*

Alles hängt vom Klima und der Auswahl der richtigen Stauden und Ziergräser (siehe Tabelle im Anhang) ab, wenn sie den winterlichen Garten verzaubern sollen. Besonders gut dafür eignen sich spätblühende Stauden mit attraktivem Laub, stabilen Stängeln und festen Samenständen, die auch nach der Blüte reizvoll aussehen. Von den Frühsommerblühern mit stabiler Beetpräsenz sehen nur wenige (zum Beispiel Edeldisteln, *Eryngium)* nach ihrem blühenden Hauptauftritt so dekorativ aus, dass man sie zwischen anderen Stauden bis zum Winter weiter im Beet kultivieren mag.

Wie beständig Stauden und Ziergräser im Winter sind, hängt aber auch vom Klima ab. Nach einem trockenem Herbst behalten viele Blätter auch im Raureif noch ihre Form, während die Pflanzen bei feuchter Herbstwitterung schnell modern und zusammenfallen. Vor allem aber können Stauden und Gräser in Gegenden mit häufigem Raureif länger überdauern als in Regionen, in denen heftige Schneefälle sie frühzeitig knicken und überdecken.

Blätter und Nadeln
in Raureif und Schnee

Die Fächermispel (Cotoneaster horizontalis, *links) färbt
ihre ovalen Blättchen vor dem Laubfall leuchtend rot
und bietet der kristallinen Spiellaune des Frostes ebenso
wie winter- und immergrünes Laub von Gehölzen, Stauden, Gräsern und Farnen noch so manche Möglichkeit.
Durch winterliches Laub schenken Pflanzen dem Garten
Farbe und Fülle und bereichern ihn, wenn der Raureif
ihre Umrisse und Flächen konturiert oder Schnee sie bedeckt, mit reizvollen Texturen. Aus der Nähe betrachtet
aber verwandeln sie sich, wie die Walzenwolfsmilch*
(Euphorbia myrsinites, *oben) mit ihren spiralig angeordneten wintergrünen Blättern zu Preziosen der Natur.*

Aus dem Grafik-Atelier des Frostes

Oben: *Um im Februar ihre duftenden gelben Blüten zu entfalten, benötigt die Schmuckmahonie (Mahonia bealei) einen geschützten Schattenplatz in milden Regionen. Selbst dort machen ihre grob gezähnten, paarig angeordneten Blätter auf sich aufmerksam, wenn sie im Reif wie metallisch legiert schimmern.*
Mitte: *Der wunderliche Efeu (Hedera helix) blüht und fruchtet nur an alten Pflanzen just im Winter. Der Raureif bezieht jedoch nicht nur die Samenstände in sein Spiel ein, sondern zeigt auch, dass die drei- bis fünflappigen Jugendblätter später im Alter ungelappt sind und herz- bis ovalförmig werden.*
Unten: *Wintergrüne Farne verleihen Schattenplätzen romantisches Flair rund ums Jahr. Besonders malerisch konturiert der Raureif doppelt gefiederte Wedel, wie die des Weichen Schildfarns (Polystichum setiferum) oder des Tüpfelfarns (Polypodium vulgare).*

Raureif und Schnee bedienen sich mit Vorliebe winter- und immergrüner Blätter, deren vitalen Farben sie feenhaft ätherische Züge verleihen (siehe Seite 91). Gleichzeitig aber führen sie – wie keine andere Jahreszeit– deren grafische Schönheit vor Augen. Während immergrüne Blätter mehrere Vegetationsperioden überdauern, bleibt wintergrünes Laub zwar den Winter über erhalten, fällt jedoch im Frühling ab, worauf die jeweiligen Gehölze oder Stauden neues Grün nachtreiben.

Blätter und ihre figurale Fernwirkung

Als einzig optisches Füllmaterial der Pflanzen im winterlichen Garten sind Blätter bei Gehölzen, Stauden, Gräsern und Farnen für deren Dichte und Form verantwortlich. Damit setzen sie aber auch Akzente und Schwerpunkte, die das Auge nach oben in Gehölzkronen oder bei immergrünen Stauden und niedrigen Gräsern nach unten lenken. Kleinteilige Blätter in dichter Anordnung, wie die Nadeln vieler Koniferen oder das Grün des Buchses, formen die Kanten und Flächen der Gehölzgestalten relativ glatt, sodass Schnee und Raureif darauf eine vorwiegend gleichmäßige, fein texturierte Flächenwirkung erzielen. Auf großteiligen Blättern in lockerer Anordnung, wie Efeu, setzen sich Schnee und Raureif hingegen portionsweise oder großkonturig in gröberen Mustern ab.
Bei Stauden, Gräsern und Farnen bestimmen Blätter und Stiele oft die ganze Pflanzenform,

die sich bei wintergrünen Arten auch über Reif und dünne Schneedecken erheben kann, wie bei überhängenden Gräsern und Farnen oder bei Iris mit ihren schwertförmigen Blättern. Erst hohe, schwere Schneematten begraben sie unter sich in rundlichen Hügeln. Bodendecker hingegen zeichnen sich durch Schnee in unruhigen oder sanften Mustern ab.

Winterzauber im Detail

Es ist viel zu schade, den Zauber winterlicher Gärten nur aus der Ferne vom Fenster her zu genießen. An schönen Tagen sollte man sich die artifizielle Kleinkunst des Raureifs auf den Rändern und Oberflächen der Blätter nicht entgehen lassen. Besonders reizvoll werden feinfiedrige, nadelartige, gesägte und gezähnte Blätter von ihm verbrämt. Da er aber auch auf rauen Oberflächen Halt findet, sehen behaarte Blätter wie die des Wollziests *(Stachys byzantina)*, sowie runzlige oder gekerbte Blätter wie die des Runzelblättrigen Schneeballs *(Viburnum rhytidophyllum)* besonders apart und ungewöhnlich aus.

Tipp: Winterpflege für Immergrüne

▷ Schutz vor Vertrocknen: Vor Frostbeginn nochmals gut gießen. Vor Wintersonne schützen, damit ihr Laub nicht zu viel Feuchte verdunstet, ohne aus dem gefrorenen Boden Nachschub zu erhalten.
▷ Schutz vor Bruch: Da auf belaubten Trieben viel Schnee liegen bleibt, diesen regelmäßig von den Zweigen abkehren oder von unten her abklopfen.

Rechts: *Das längliche Laub der wintergrünen Strauchmispel (Cotoneaster-Watereri-Hybride) sorgt nur bis zum Frühjahr für Blattschmuck.*

Mitte: *Raureif und Schnee verwandeln die langen, Borsten ähnlichen Kiefernnadeln in duftige Puderquasten.*

Unten: *An grüne Seesterne erinnern die dreiteiligen, gezähnten graugrünen Blätter der Korsischen Nieswurz* (Helleborus argutifolius), *die strauchähnlich bis zu 60 Zentimeter hoch und breit werden kann. Die schöne Südländerin öffnet jedoch nur bei gutem Wind- und Sonnenschutz in milden Lagen zuverlässig ihre cremegrünen glockig-nickenden Blüten ab März.*

Zu einem Farb- und Formenspiel wie von Künstlerhand findet sich im Frühwinter rotes Ahornlaub auf den immergrünen, kleinblättrigen Trieben der Teppich-Zwergmispel (Cotoneaster dammeri) ein. Wunderbar kann man beobachten, wie die Glitzerpracht des Raureifs an bodenfernen Trieben kulminiert, während ihm in Bodennähe die Restwärme der Erde Einhalt gebietet. Der sortenreiche, robuste, maximal 1 Meter hoch werdende Strauch gedeiht in Sonne wie Schatten. Ab Mai öffnet er unzählige kleine weiße Blüten, denen im Sommer rote beerenähnliche Früchte folgen. Wer ihn im Frühling mit Blütenfarben aufpeppen will, steckt im Herbst zwischen seine Triebe Zwiebeln von Krokussen, Narzissen, Schneeglöckchen oder Märzenbecher. Im Spätherbst und Winter jedoch nimmt sich der Frost seiner an und leiht dem Friedhofsgrün vorübergehend silbernen Glamour.

Eigenschaften der Triebe mit grafischer Wirkung

Den Garten im Winter genießen, bedeutet immer auch Sehen lernen. Richtet sich der Blick des Betrachters von der Totalen auf die Details, so erkennt man schnell, dass auch im Kleinen grafische Prinzipien verstärkt zur Wirkung kommen. Während im Frühling, Sommer und Herbst meist ein wechselndes Farbenspiel die Sinne gefangennimmt, können im Winter durch die zurückgenommene Farbigkeit auch blattlose Triebe mit Eigenschaften wie ihrer Struktur, ihrer Oberflächenbeschaffenheit und ihren Knospen unter dem Einfluss von Raureif, Schnee und Licht ein ornamentales Eigenleben entfalten. Eine Kostprobe bieten die bereiften Stacheln (linke Seite), die der Stacheldrahtrose (Rosa sericea ssp. omeiensis fo. pteracantha) ihren Namen gaben.

Fundsachen für Winterromanzen

Links: *Die in der Jugend durchscheinend roten, flügelförmigen Stacheln der Stacheldrahtrose* (Rosa sericea ssp. omeiensis fo. pteracantha) *fallen im Winter eher von ihrer Form her ins Auge, wenn der Reif sich auf den Stacheln und feinen Borstenhaaren niederschlägt.* Mitte: *Ein Meister der Wehrhaftigkeit ist* Rosa sweginzowii ›Macrocarpa‹ *mit ihren dichten Stacheln in unterschiedlichen Größen.* Rechts: *Die roten verdickten Stacheln von* Rosa x pteragonis *bieten dem Frost zusammen mit ihren gelben Nadelstacheln ein reiches Betätigungsfeld.*

Wer seinen winterlichen Garten nicht nur als Silhouette vom Fenster aus betrachtet, sondern auch einmal aus der Nähe erkundet, den können kahle sommergrüne Gehölze und wintergrüne oder -stabile Stauden mit der Winter- und Wunderwelt ihrer Triebe überraschen.

Die lineare Macht der Strukturen

Unter Strukturen versteht man den Verzweigungscharakter von Pflanzen, der meist maßgeblich zu ihrer Wuchsform beiträgt. Zu keiner Jahreszeit offenbart er sich klarer als im Winter, wenn die Zweiggerüste ohne den Plüsch des Laubs feine oder dickere Äste und Zweige in lockerer oder dichter Anordnung bloßlegen. Schnee und Reif zeichnen ihre Linienführung mit watteweichen oder kristallinen Konturen nach und heben sie mit ihrem glitzernden Weiß voneinander und gegen den Himmel ab. Wer seinen Garten nicht ausschließlich mit

formal getrimmten Schnittgehölzen gestalten will, kann dabei auch mit den Wuchsrichtungen der Äste und Zweige spielen, die sich bei manchen Pflanzen mit fortschreitendem Alter auch verändern können.

- Vertikal, aufrecht, wie Säulenkirsche (*Prunus serrulata* ›Amanogawa‹), Gartensandrohr (*Calamagrostis* x *acutiflora* ›Karl Foerster‹)
- Schräg aufrecht, wie Felsenbirne (*Amelanchier*), Bartiris (*Iris-Barbata-Elatior*-Hybriden)
- Übergeneigt, wie Heidetamariske (*Tamarix ramosissima*), Japansegge (*Carex morrowii*)
- Hängend, wie Hängesandbirke (*Betula pendula* ›Youngii‹), Riesensegge (*Carex pendula*)
- Horizontal, wie Japanischer Schneeball (*Viburnum plicatum* ›Mariesii‹), Haselwurz (*Asarum europaeum*)
- Bizarr, skurril, wie Korkenzieherakazie (*Robinia pseudoacacia* ›Tortuosa‹), Elfenbeindistel (*Eryngium giganteum*).

Aus dem Musterkatalog der Borken

Zugegeben: Stämme und Triebe von Gehölzen machen in einem verschneiten Garten mehr mit ihrer Farbe auf sich aufmerksam als mit ihrer Oberflächenbeschaffenheit. Dennoch sollte man diese nicht ganz vernachlässigen, werden doch ihr Linienspiel und ihre Texturen mit zunehmendem Alter der Pflanzen immer charakteristischer. Wer einmal angefangen hat darauf zu achten, kann eine erstaunliche Vielfalt entdecken, die winterliche Gärten mit grafischen Details bereichert. Da gibt es Längsfurchen (Stieleiche, *Quercus robur*) und Querstreifen (Vogelkirsche, *Prunus avium*), diagonale Muster (Tulpenbaum, *Liriodendron tulipifera*) und Wellenlinien (Schwarzer Maulbeerbaum, *Morus nigra*), großplattig geschuppte Oberflächen (Pinie, *Pinus pinea*) und den raffinierten Fetzenlook, zum Beispiel bei Mahagoni-Kirsche (*Prunus serrula*, rot-braun), Zimtahorn (*Acer griseum*, rotbraun), Kupferbirke (*Betula albonensis*, braunorange), Schwarzbirke (*Betula nigra*, gelbbraun) und Himalaja-Birke (*Betula utilis*, weiß). Daneben überraschen viele Sträucher mit einem zusätzlichen Besatz, wie Korkleisten (Flügelspindelstrauch, *Euonymus alatus* var. *alatus*), Stacheln (Rosen), Borsten (Borsten-Akazie, *Robinia hispida*) oder Dornen (Hahnendorn, *Crataegus crus-galli*), an denen der Raureif seinen Kristallbesatz anheften kann.

Knospen, Samenstände und Früchte

Auch sie sind mit ihrer Form Spielgefährten des Frostes, der sie märchenhaft verwandeln kann. Man denke nur an die kolbenartigen, Silhouetten prägenden Samenstände des Essigbaums *(Rhus typhina)*, die behaarten Knospen der Magnolien oder die aparten Samenstände winterstabiler Stauden.

Links: *Die Kletterrose Rosa x paulii ermöglicht dem Raureif mit ihren hakenförmig gekrümmten Stacheln in unterschiedlichsten Größen abwechslungreiche Auskristallisierungen.*
Mitte: *Die frischgrünen Jungtriebe der bekannten Ramblerrose ›New Dawn‹ tragen kräftige, gleichförmige Stacheln.*
Rechts: *Das Verholzen der Rosentriebe ist Voraussetzung für ihre Frostfestigkeit. Im Winter zeigt sich deshalb die Kletterrose Rosa x paulii weniger farbenfroh im bescheidenen braunen Winterkleid, das durch die Gunst des Raureifs zum glitzernden Ornat wird.*

Ein extravagantes Li-
nienspektakel ohneglei-
chen vollzieht die Kor-
kenzieherhasel (Corylus
avellana ›Contorta‹), die
mit ihren ausgefallenen
Strukturen und dem
breiten, schirmartigen
Habitus unbedingt eine
Sonderstellung benötigt.
Das nur 2 bis 4 Meter
hohe Gehölz wächst nur
langsam heran, eignet
sich deshalb gut für kleine Gärten und gedeiht
sogar im Kübel. Der
kleine, mehrstämmige
Strauch hält auch zu
anderen Jahreszeiten
kleine Attraktionen be-
reit: Ab März lockt er
mit grünlich-gelben
Kätzchen Bienen zuhauf
an, während sich im
Herbst sein Laub noch
einmal sonnenfroh gelb
verfärbt.

Die Farben
der vierten Jahreszeit

Gärten Ton-in-Ton

Wenn der große Schlaf über die Natur kommt, ziehen
sich die Farben des Lebens – Rot, Orange und Gelb –
weitgehend zurück. Auch Gärten steht nun eine redu-
zierte Farbpalette der Pflanzen zur Verfügung. Als wollte
das Klima diese Beschränkung ausgleichen, wartet
es dafür mit einem neuen Ton auf. Das Weiß von Raureif und Schnee kann die stille Farbwelt des Winters
nicht nur kontrastieren oder gar überdecken, je nach
klimatischer Erscheinungsform vermag der Frost den
Winterfarben der Pflanzen mit seinem pudrigen Weiß
unterschiedlichste Nuancen zu entlocken, die von
Dunstschleiern, dem harten Licht des Mittags oder
dem warmen Orange des Abendlichts zusätzlich
modifiziert werden.

Der Reiz subtiler Töne

Das Gartenjahr klingt in nuancenreichen Braun- und Grüntönen aus, wenn nicht Raureif und Schnee sie mit belebendem Weiß erhellen. Viele Farbkombinationen des Sommers lassen sich deshalb nicht auf winterliche Gärten übertragen. Dennoch kann jeder, der mit der Intention malerischer Winterbilder seinen Garten konzipiert, ihn mit folgenden Farbkontrasten spannend gestalten:

* dem Kontrast von hellen und dunklen Tönen
* dem Kontrast von warmen und kalten Farben
* dem Kontrast von unterschiedlich großen Farbflächen (z. B. Farbtupfer oder -linien als Pendant zu Farbflächen).

Oben: *Gedämpfte Töne von Grün und Braun beherrschen auch diese Situation am Teichrand. Während der Raureif dem Braun der Triebe und abgestorbenen Pflanzenteile durch einen grauweißen Schleier die letzte Frische nimmt, mildert er als pudriger Belag das Blaugrün von Koniferen und Ziergras.*
Unten: *Im Unterschied zu immergrünen Farnen stirbt das elegante Laub des Straußfarns* (Matteuccia struthiopteris) *ab. Dabei verbräunen die großen unfruchtbaren äußeren Wedel ebenso wie die kleineren fruchtbaren im Inneren der Trichter, die erst im Frühjahr ihre Sporen entlassen.*

Braun – zurück zu Mutter Erde

Hierhin fällt der Blick unweigerlich, wenn nicht Schnee oder Raureif Beete und Rabatten bedecken. In Regionen, die sich nicht oft an der weißen Pracht erfreuen können, ist deshalb Rosemary Vereys Rat, in solchen Fällen den nackten Boden schön zu gestalten, gut verständlich. Wer zum Beispiel abgeräumte oder zurückgeschnittene Beete und Baumscheiben mit Falllaub mulcht und darüber dunkelbraunen Kompost verteilt, schützt den Wurzelbereich dieser Pflanzen mit einem warmen Mäntelchen und frischt für das Auge die horizontale Gliederung seines Gartens auf. Braun ist der Garten aber auch in vertikalen Strukturen, seien es die Samenstände standfester Stauden, wie bei Fetthenne *(Sedum spectabile, Sedum telephium)* oder die Stäm-

me und Zweige vieler sommergrüner Gehölze. Sie präsentieren ein Kaleidoskop unterschiedlichster Brauntöne, meist in gedeckten Nuancen, oft auch in Kombination mit anderen Farben. Frisches, belebendes Braun ist eher selten und daher ein Grund, sich ein solches Gehölz in den Garten zu holen: Zum Beispiel

• Zimtahorn (Acer griseum), der auch mit exotisch abblätternder Rinde und hinreißend roter Blattfärbung im Herbst bezaubert;

• Mahagonikirsche (Prunus serrula) mit seidig-glänzender mahagoniroter abblätternder Rinde, die im April/Mai als weißer Blütentraum erneut auf sich aufmerksam macht;

• Scharlachkirsche (Prunus sargentii), die außerdem im Frühling mit rosaroten Blüten und rötlichem Blattaustrieb, im Herbst mit einer spektakulären roten Blattfärbung brilliert.

Beige und Maisgelb – ein warmer Hauch

In der braunen und grünen Farbigkeit des Winters fallen beige bis ausgebleichte gelbliche Töne besonders auf, weil sie sich mit und ohne Winterweiß zauberhaft von den übrigen Pflanzen abheben und warmtonige Strukturen einstreuen. Große Hortensienblüten (Bild S. 72), die den ganzen Winter überdauern, wenn ihre Triebe nicht vom Schnee geknickt werden, sind wohl die imposantesten Vertreter neben herrlichen Ziergräsern, wie Gartensandrohr (Calamagrostis x acutiflora ›Karl Foerster‹), Rasenschmiele (Deschampsia cespitosa), Chinaschilf (Miscanthus sinensis, in vielen Sorten), Kleines Pfeifengras (Molinia caerulea), Rutenhirse (Panicum virgatum mit Sorten), Lampenputzergras (Pennisetum alopecuroides) und Goldbartgras (Sorghastrum nutans).

Auch lange haftendes braunes Laub wird im Winter zum Blickfang. Als »Fuchsbraun« bezeichnete Vita Sackville-West sehr treffend das warme Rotbraun von Hainbuche (Carpinus betulus) und Buche (Fagus sylvatica). Während beide meist in Form von Schnitthecken mit großen Braunflächen den Garten rahmen oder unterteilen, ist die Japanische Ulme (Ulmus parvifolia, oben) mit ihrer breiten Kugelkrone unbedingt als Solitär einzusetzen.

Wetterfarben: Himmel-Blau – Schnee-Weiß

Ein blauer Himmel über einem schneebedeckten Garten geht Hand in Hand mit direktem Sonneneinfall, der jede Kontur des Schneebelags mit hartem Schattenwurf unterstreicht und den Schnee selbst in gleißendes Weiß taucht. Die weiße Farbe des Schnees wiederum erklärt sich physikalisch dadurch, dass an den Grenzflächen zwischen den Schneekristallen und der eingeschlossenen Luft alles einfallende Licht reflektiert wird. Reine Eiskristalle ohne Lufteinschlüsse hingegen sind – wie Eiszapfen zeigen – glasklar.

Die sich mit winterlichen Sonnentagen einstellende Unbeschwertheit und Lebensfreude beruht vermutlich auch darauf, dass mit dem Blau des Himmels und dem Weiß des Schnees frische Farben die müden Wintertöne vergessen lassen und die Sonne die Dunkelheit der Jahreszeit vorübergehend verdrängt. Vom Blickwinkel des Betrachters wird das Blau auch zum Hintergrund der Gehölze und der Horizontkulisse, die damit in die belebende Situation einbezogen werden. Mit dem Licht verändern aber auch die Gräser, Stauden und Gehölze ihre Farben. Wirkten sie unter einem verhangenen Himmel eher leblos, beginnen ihre Braun- und Gelbtöne in der Sonne zu erstrahlen. Im Gegenlicht hingegen treten die Gehölz-Silhouetten ebenso wie die Samenstände der Gräser und Stauden grandios hervor, während grünes Laub und dunkle Triebe noch dunkler erscheinen.

Das Phänomen der blauen Schatten

Gärten im Schnee verströmen an sonnigen Tagen ihren unvergleichlichen Zauber auch deshalb, weil sich das heitere Blau des Himmels auf dem weißen Niederschlag wiederfindet. Während sich die langen Schatten der Wintersonne in schneelosen oder bereiften Gärten in dunklem Grau bis Schwarz manifestieren, erscheinen sie auf Schnee in klarem Blau. Dies liegt zum einen am Mangel an sichtbarem Licht, zum anderen daran, dass vom unsichtbaren Licht das langwellige Infrarotlicht von den Eiskristallen absorbiert wird, während der Schnee die kurzwelligen ultravioletten (blauen) Strahlen reflektiert. An den Infrarotstrahlen liegt es auch, weshalb Schnee auf Dächern oder Pflanzen von unten her abschmilzt. Sie werden auf der Unterlage in Wärmeenergie umgesetzt, sodass dabei oft sogar Hohlräume herausschmelzen.

Oben: *Vom strahlend blauen Winterhimmel heben sich neben Gehölzen auch hohe Gartenaccessoires gut ab.*

Linke Seite: *Buchs und immergrüne Kletttergehölze wie Efeu* (Hedera helix) *und Immergrüne Geißschlinge* (Lonicera henryi) *bilden im Sonnenlicht mit Schnee ein frisches weiß-grünes Ensemble.*

Unten: *Der kräftige blaue Schatten ergänzt dieses winterliche Gartenbild zum weiß-braunblauen Dreiklang.*

Farbenfroh gestalten
mit Rinden und Trieben

Farbkombinationen, wie sie Platanen (Platanus, oben)
mit ihrem abstrakten Farbspiel von Grau, Oliv bis Gelbbraun auf kräftigen Stämmen und Trieben im Winter
vorgeben, können Gartenliebhaber auch feinsinnig selbst
inszenieren. Ein kleines Repertoire von Gehölzen mit
Aufsehen erregenden farbigen Trieben, allen voran der
knallrote Sibirische Hartriegel (Cornus alba ›Sibirica‹,
linke Seite), fügt sich mit immergrünen Gehölzen, Stauden und Farnen sowie Gräsern im maisgelben oder röt-
lichen Winterlook zu erfrischend farbenreiche Bildern,
die dem Garten auch ohne Schnee und Eis ein stim-
mungsvolles Winterflair verleihen und dem Grau des
Winters ein Schnippchen schlagen.

Farb-Cocktails aus winterlichen Enthüllungen

Links: Die rotbraun abblätternde Rinde des Zimtahorns (Acer griseum) bildet vor dem Weiß des Schnees und seinen blauen Schatten einen farbenprächtigen Anblick. In schneelosen Gebieten empfiehlt sich ein Hintergrund aus Immergrünen.
Rechts: Die Triebe des Gelbholzhartriegels (Cornus sericea ssp. sericea ›Flaviramea‹) leuchten intensiv gelbgrün.

Die Farb- und damit auch die Gehölzwahl mit der man winterliche Gartenteile beglücken kann, sollte das Schneevorkommen im jeweiligen Regionalklima mit berücksichtigen. Während auffallend rote, grüne und gelbe Triebe sich erfrischend von verschneiten wie schneelosen Szenerien abheben, kommen weiße und silbergraue Zweige in einem hauptsächlich braun-grünen Umfeld besser als in einem schneeweißen zur Geltung.

Rote lineare Strukturen

Als »Siegellackrot« bezeichnet Rosemary Verey die Farbe des Stars aller rottriebigen Gehölze, dem Sibirischen Hartriegel *(Cornus alba ›Sibirica‹)*. Da er diese Farbe jedoch vorwiegend in junge Triebe investiert, sollte er alle zwei bis drei Jahre einen Verjüngungsschnitt erhalten, der ihn zu neuem Austrieb animiert. Wer im Sommer gleichzeitig weiß-panaschiertes Laub wünscht, sollte zu den Sorten ›Sibirica Variegata‹ oder ›Elegantissima‹ greifen,

deren Triebe allerdings ein dunkleres Karminrot besitzen. Ebenfalls dunkelrote Triebe bildet auch der Rote Hartriegel *(Cornus sanguinea)* aus. Will man den Blick auf die Pflanze und nach unten lenken, sollte man sie mit niedrigem Grün unterpflanzen. So flammen die knallroten Triebe von ›Sibirica‹ förmlich auf vor einer Basis aus dunkelgrünem Efeu *(Hedera helix)*, Kleinem Immergrün *(Vinca minor)* oder Christrosen *(Helleborus)*, während die dunkelroten Sorten durch weiß-grüne Begleiter lebhafter wirken, wie etwa durch panaschierten Efeu, Weißbunte Kriechspindel *(Euonymus*

Weitere Gehölze mit roten Trieben

▷ Fächerahorn, *Acer palmatum* ›Sango-Kaku‹
▷ Thunbergs Berberitze, *Berberis thunbergii* ›Atropurpureum‹ oder ›Red Chief‹
▷ Roter Perückenstrauch, *Cotinus coggygria* ›Royal Purple‹ oder ›Rubrifolius‹
▷ Bambus, Phyllostachys aureosulcata ›Spectabilis‹

fortunei ›Silver Queen‹), durch eine pana-
schierte Sorte der wintergrünen Goldnessel
(*Lamiastrum galeobdolon* ›Florentinum‹) oder
nach dem Vorbild Beth Chattos in Kombination
mit dem Zwergbambus *Sasa veitchii*, dessen
Blattränder sich im Winter weiß färben.
Ist die Gestaltung auf Fernwirkung bedacht,
sollte man zusätzlich Immergrüne wie Stechpalme, Kirschlorbeer, Ölweide (*Elaeagnus angustifolia*) oder Eibe als Hintergrund pflanzen.
Aparte Begleiter sind neben winterlichen Gräsern auch der Gelbholzhartriegel (*Cornus sericea* ssp. *sericea* ›Flaviramea‹), dem die zuvor
genannte grüne Unterpflanzung ebenfalls gut
steht – oder die surrealistisch wirkenden weißen Ruten der Tangutischen Himbeere (*Rubus
cockburnianus*).

Grüne lineare Strukturen

Gehölze mit grünen Trieben steht eine Unterpflanzung mit Elfenblume (*Epimedium* x *war-
leyense*), deren Laub im Winter kupfrig leuch-
tet oder rotlaubigen Bergenien (wie *Bergenia*-
Hybride ›Oeschberg‹) sowie mit grün-weiß
oder grün-gelb panaschierten Immergrünen
wie Efeu oder Spindelstrauch.

Gehölze mit grünen Trieben

▷ Roter Schlangenhaut-Ahorn (*Acer capillipes*)
▷ Rostbart-Ahorn (*Acer rufinerve*)
▷ Färberginster, (*Genista tinctoria*)
▷ Winterjasmin (*Jasminum nudiflorum*)
▷ Ranunkelstrauch (*Kerria japonica*)
▷ Goldregen (*Laburnum anagyroides* ›Vossii‹)
▷ Schnurbaum (*Sophora japonica*)

*Ein Traum in Weiß sind
viele Birken nicht nur
wegen ihrer maleri-
schen Kronen mit den
dünnen, fein verästel-
ten Zweigen, die bei
viele Arten und Sorten
überhängen, sondern
auch wegen ihrer oft
dramatisch geplatzten
Borke, deren Risse
entstehen, wenn der
Stamm dicker wird und
die unelastische Hülle
nicht nachgibt. Mit
ihrem eleganten Wuchs
und den weiß bereiften
Zweigen machen sie
vor einem strahlend
blauen Himmel Winter-
märchen wahr.*

Bunter, lebhafter Fruchtschmuck

Natürlich blitzt vitales Rot aus der Palette der morbiden
Wintertöne mehr als zu allen anderen Jahreszeiten hervor. Früchte in dieser lebensvollen Farbe an immergrünen Gehölzen wie Stechpalme (Ilex), Eibe (Taxus) oder
Skimmie (Skimmia, oben) begleitet das festliche Flair
weihnachtlicher Freuden. Kein Wunder, dass ihre Triebe
in Adventsdekorationen auf Balkon und Terrasse, aber
auch im Haus verheißungsvoll Vorfreude verbreiten.
Aber auch andere Bijouterie aus dem Garten wie Früchte in Weiß, Gelb, Orange, Blau oder Schwarz, extravagante Fruchthülsen oder Zapfen erzählen im Winter
die Geschichte des Gartenjahres zu Ende und beleben
ihn mit dem Versprechen auf einen Neuanfang.

Farbenfrohe Appetithappen fürs Auge

Eine feine Zierde stellen die folgenden Früchte und Samenhüllen dar, die oft lange bis in den Februar an Baum und Strauch haften und winterliche Gartenräume wie Accessoires ausstatten. Wer solch reichen Dekor wünscht, sollte sich bereits bei der Pflanzenwahl gut informieren, denn etliche dieser Gehölze sind zweihäusig und setzen nur dann reichlich Früchte an, wenn zur weiblichen eine männliche Befruchtersorte gepflanzt wird.

Der Reigen der beerenartigen Früchte
Mit Rot, Rosa, Orange, Gelb, Schwarz, Braun, Weiß und Blau gibt es eine breite Palette lang haftender Beeren. In schneearmen Regionen heben sich dunkle Früchte wenig markant von einem braunen oder grünen Hinter- und Untergrund ab, während in schneereichen Gebieten weiße Früchte nur schwach aus dem überwiegend weißen Umfeld hervortreten.
• Mit Signalrot machen neben Immergrünen wie Stechpalme *(Ilex)*, Eibe *(Taxus)*, Scheinbeere *(Gaultheria procumbens)*, Wintergrüner Strauchmispel *(Cotoneaster* x *watereri* ›Cornubia‹), Skimmie *(Skimmia japonica)*, Torfmyrte *(Pernettya mucronata)* und rotem Feuerdorn *(Pyracantha coccinea* ›Red Column‹) auch sommergrüne Sträucher auf sich aufmerksam, wie der Gewöhnliche Schneeball *(Viburnum opulus,* Bild S. 82), Korallenbeere *(Symphoricarpos orbiculatus)*, Fächermispel *(Cotoneaster horizontalis)*, Heckenberberitze *(Berberis thunbergii)*, *Berberis aggregata*, Apfelbeere

(*Aronia arbutifolia*). Die seltene Orangenkirsche (*Idesia polycarpa*), deren dicke rote Beeren in dekorativen Büscheln von den Zweigen hängen, benötigt ein männliches Pendant.

● Gelbe bis orange Früchte zeigen Sanddorn (*Hippophae rhamnoides*), Zierquitte (*Chaenomeles japonica*), Feuerdorn (*Pyracantha*-Hybr.) und Mehlbeere (*Sorbus aria*) mit ihren Sorten.

● Blaue Früchte findet man bei Mahonie (*Mahonia aquifolium*), Schlehe (*Prunus spinosa*) und Davids Schneeball (*Viburnum davidii*).

● Schwarz geben sich die beerenartigen Früchte von Liguster (*Ligustrum vulgare*), Jakubistrauch (*Rhodotypos scandens*) und Blauschwarzer Scheinbeere (*Gaultheria shallon*),

● während in Weiß die Weiße Scheinbeere (*Gaultheria miqueliana*), weiße Sorten der Torfmyrte (*Pernettya mucronata* ›Alba‹), Schneebeere (*Symphoricarpus albus* var. *laevigatus*) und ihre rosa-weiße Verwandte, die Purpurbeere (*Symphiocarpos* x *chenaultii*) fast winterlang überdauern können.

Oben: *Die Schönfrucht* (Callicarpa bodinieri *var.* giraldii ›Profusion‹) *mit ihren violetten Früchten gewinnt neben ihrer weiß fruchtenden japanischen Verwandten* (Callicarpa japonica ›Leucocarpa‹) *noch an malerischem Reiz.*
Linke Seite: *Der Sanddorn* (Hippophae rhamnoides) *fruchtet nur dann reichlich, wenn in der Nähe der weiblichen Pflanzen eine männliche Befruchtersorte steht.*
Unten: *Das tiefgeaderte Laub der Immergrünen Strauchmispel* (Cotoneaster salicifolius *var.* floccosus) *verfärbt sich in strengen Wintern rötlich-braun. Ihre Früchten haften oft bis zum Frühjahr.*

Klettergehölze mit langhaftendem Fruchtdekor

▷ *Clematis integrifolia, Cl. orientalis, Cl. tangutica, Cl. vitalba:* Wollig, silbrig-weiße Fruchtstände

▷ Baumwürger (*Celastrus orbiculatus*): Überreiche rote Samen in gelben Fruchthüllen bis Februar

▷ Spaltkörbchen (*Schisandra chinensis*): Scharlachrote Beerchen in langen, hängenden Ähren

▷ Rambler-Rosen, zum Beispiel ›Kiftsgate‹, ›Goldfinch‹, ›Rambling Rector‹, ›The Garland‹: reicher Hagebutten-Ansatz

Farbenfrohe Appetithappen fürs Auge   85

Vor allem Wildrosen und einmal blühende, ungefüllte oder locker gefüllte Rosen können herrliche Hagebutten ansetzen, die meist jedoch nur bis in den frühen Winter hinein haften. Von ihrer Form her lassen sich kugelige, länglich-eiförmige, birnen- und flaschenförmige Früchte in unterschiedlicher Größe und Farbe unterscheiden. Die großen, flach kugeligen Hagebutten der Kartoffelrose (Rosa rugosa, *rechts*) zählen mit zu den auffallendsten Schönheiten und haben nahezu gleichen Zierwert wie die Blüten. Ihre Haltbarkeit im Winter ist jedoch nicht von langer Dauer, da sie schnell weich werden. Auch hierin unterscheiden sich die Arten und Sorten beträchtlich. Ungewöhnliche Hagebutten tragen zum Beispiel:

• Rosa roxburghii: *grüne Kugeln, die mit Stacheln besetzt sind;*
• Rosa multiflora: *erbsengroße rote Knöpfchen in Büscheln*
• Rosa pimpinellifolia: *braunschwarze, flach kugelige Hagebutten.*

Dekorative Hülsen-, Kapsel-, Flügelfrüchte

Ein lautmalerisch-raschelndes Windspiel an luftigen Tagen bieten die lang herabhängenden Fruchthülsen einiger Gehölze, die sich im Raureif zu brilliantenbesetzten Luxusgeschöpfen mausern oder im Schnee an sahnebetupftes Konfekt erinnern.

• Von den beliebten »Nasenzwickern« der Ahorne überdauern im Winter die markanten Flügelfrüchte des Amur-Ahorns (*Acer ginnala*, rot), des Schlangenhaut-Ahorns (*Acer davidii*, braunrot) und des Oregon-Ahorns (*Acer macrophyllum*, grünlichgelb) in jeweils langen pittoresken Trauben oder Rispen, während sie zuvor in flammendem Herbstlaub erglühten.

• Ein Multitalent ist der Trompetenbaum (*Catalpa bignonioides*), der im Juni/Juli Aufsehen erregend blüht, im Herbst mit prächtiger Laubfärbung und im Winter mit bis zu 30 Zentimeter langen, vanilleschotenartigen Kapseln erfreut.

• Mit weiß-duftenden Blütentrauben sind auch Robinie (*Robinia pseudoacacia*) und Gelbholzbaum (*Cladrastis kentukea*) Blütenschönheiten, bevor sie sich mit ledrig flachen Fruchthülsen überziehen.

• Von der Gleditschie (*Gleditsia triaconthes*) gibt es Sorten, die in Blattfarbe und Wuchs interessant variieren. Sie alle bilden bis 40 Zentimeter lange, in sich gedrehte Hülsen.

• Auch der Blasenbaum (*Koelreuteria paniculata*) verschafft sich einen doppelten Auftritt mit großrispigen gelben Blüten von Juli bis September und blasigen Fruchtkapseln im Winter.

Rechts: *Die meisten Hagebutten sind bereits ab Mitte Dezember von Vögeln verspeist.*

Linke Seite oben: *Mit weißen Blüten im Mai/ Juni, giftigen goldgelben Apfelfrüchten ab September und immergrünem Laub inszeniert der Feuerdorn ›Soleil d'Or‹ zu jeder Jahreszeit bemerkenswerte Farbeindrücke – vorausgesetzt er erhält durchlässigen Boden und ein geschütztes Plätzchen.*

Linke Seite Mitte: *Auch Zieräpfel präsentieren sich in verschiedenen Jahreszeiten mit Bravour: im Mai mit verschwenderischer Blüte, ab August mit unterschiedlich gefärbten Äpfelchen, die bei vielen Sorten bis weit in den Winter hängen bleiben und verbräunen. Auch Wildäpfel, wie* Malus transitoria, Malus sargentii *und* Malus x robusta *behalten ihre roten Früchte bis in den Winter.*

Linke Seite unten: *Ein fleischig-roter Mantel umgibt die giftigen Samen der Eibe* (Taxus baccata).

Kolbenförmige Samenstände

Während der staudige Rohrkolben *(Typha)* mit seinen braunen Kolben am feuchten Uferrand residiert, sitzen die kolbenartigen Samenstände des Essigbaums *(Rhus typhina)* wie kleine Kormorane locker verstreut auf seinem Geäst.

Sorten von Zieräpfeln, die lange haften

▷ ›Golden Hornet‹ (Frucht gelb, Blüte weiß)
▷ ›John Downie‹ (Frucht orange-rot, Blüte weiß)
▷ ›Red Jade‹ (Frucht glänzend rot, Blüte rosa-weiß)
▷ ›Evereste‹ (Frucht orange, Blüte rosa-weiß)
▷ ›Prof. Sprenger‹ (Frucht orange, Blüte weiß)
▷ ›Red Sentinel‹ (Frucht glänz. hellrot, Blüte weiß)
▷ ›Rudolph‹ (Frucht orangegelb, Blüte rosarot)
▷ ›Wintergold‹ (Frucht goldgelb, Blüte rosa-weiß)

Dekorative Koniferen-Zapfen

Beim Auswählen einer Konifere sollte man sich primär von Wuchsform und Nadelfarbe – erst danach von ihrer Zapfenbildung leiten lassen.

● Die Hängende Hemlocktanne *(Tsuga canadensis* ›Pendula‹) ist mit ihren überhängenden Trieben und den Zapfen an den Zweigenden eine Schönheit und für Solitärplätze geeignet.

● Unter den Fichten findet man hübsche Zapfen zum Beispiel bei *Picea abies* ›Acrocona‹, *P. omorika, P. orientalis* und *Picea pungens.*

● Hübsche Kiefernzapfen setzen *Pinus cembra, P. mugo* ssp. *mugo, P. nigra* ssp. *nigra, P. parviflora* ›Glauca‹ und *P. strobus* an.

● Extravagante Farbspiele bieten die violettblauen Zapfen der Koreatanne *(Abies koreana).*

Gehölze und Stauden
in grünem Winterlook

Immer- oder wintergrüne Pflanzen schenken dem Garten
mit ihrem dauerhaften Laub unvergängliche Farbe und
Fülle. Zur Vielzahl dieser Pflanzen zählen flachwüchsige
wie Moose und Flechten (oben), hohe wie Bäume, Stäu-
cher, Stauden und sogar Klettergehölze, wie Efeu oder
Spindelstrauch (linke Seite). Mit ihren Formen prägen sie
den Stil des Gartens und verleihen ihm ein Gerüst, das
ihn malerisch und stimmungsvoll macht. Je ausgeprägter
immergrüne Pflanzen dabei geometrische oder bauliche
Formen annehmen, desto formaler und repräsentativer
wird er. Raureif und Schnee aber umschmeicheln diese
grüne Winterwelt mit ihrer freundlichen Helle und verwandeln sie in ausdrucksstarke Farbbilder.

Nach grüner Farb' das Herz verlangt …

Oben: *Als Immergrüne schützen sich Nadelgehölze dadurch vor Trockenheit und Frost, dass ihre Blätter (Nadeln) nur ein geringes Volumen aufweisen und von einer dicken, wachsartigen Haut (Kutikula) umgeben sind. Beides hat den Sinn, die Verdunstung einzuschränken, da die Pflanzen im Winter bei gefrorenem Boden kein Wasser nachziehen können.*
Mitte: *Efeu* (Hedera helix) *ist ein selbsthaftendes Klettergehölz, das Mauern, Wände, Bögen und Baumstämme im Schatten mühelos und dauerhaft begrünt, aber auch als Bodendecker eine gute Figur macht. Sogar starken Rückschnitt nimmt das robuste, giftige Gehölz nicht übel.*
Unten: *Die Stechpalme* (Ilex aquifolium) *zählt mit ihren ledrig glänzenden, dornig gezahnten Blättern und den leuchtend roten Beeren zum weihnachtlichen Lieblingsschmuck auf den Britischen Inseln. Kinder sollte man jedoch fernhalten, da die Pflanze giftig ist.*

Grün ist im winterlichen Garten ein wandelbares Farbphänomen und oft austauschbar gegen das Weiß des Schnees – aber nicht immer! Das Grün von Solitärs und Hecken bildet auch bei Schnee und Reif stets den Korpus, der in seinen vertikalen Fronten und Oberflächen meist immer noch farblich hervortritt. Ebenso verhält es sich mit Moosen und Flechten an vertikalen Pflanzenteilen und Elementen wie Treppen, Steinen oder Mauern. In horizontalen Lagen hingegen können sie – wie Rasen – ganz von Schnee bedeckt sein.

Grüne Farbspielereien

Die Muster, die Grün und Weiß zu weben vermögen, werden farblich noch dadurch differenziert, dass winter- und immergrüne Pflanzen (S. 60) vielfältige Nuancen der Farbe zeigen. Gelbgrüne Gehölze sind dabei meist anfälliger für Wind und Wintersonne als blau- oder sattgrüne und nehmen bei etlichen Koniferen im Winter Bronzetöne an. Laubgehölze mit weißgrün panaschiertem (wie *Ilex aquifolium* ›Argenteomarginata‹) oder gelb-grünem Laub (wie *Hedera helix* ›Goldheart‹) erweitern die Bandbreite, sodass sich sehr aparte, lebhafte grüne Arrangements gestalten lassen, die rund ums Jahr Bestand haben. Da winterliches Grün bei Stauden, Gehölzen und Klettergehölzen vorkommt, bieten sich dem Gartenfreund herrliche Möglichkeiten, auch mit deren unterschiedlichen Höhen, Wuchs- und Blattformen sowie deren Texturen zu gestalten.

Wintergrüne Stauden

Viele wintergrüne Stauden sind Bodendecker, die einen eher beschatteten Platz lieben, wie Günsel (*Ajuga reptans*) oder Bergenie (*Bergenia*-Hybriden), von denen es auch buntlaubige Arten gibt. Viele sind teilverholzte Halbsträucher, wie Ysander (*Pachysandra terminalis*) oder Kleines Immergrün (*Vinca minor*), deren Farbwelt Silberlaubige bereichern, wie Lavendel (*Lavandula angustifolia*), Sonnenröschen (*Helianthemum*-Hybriden), Wollziest (*Stachys byzantina*) oder Heiligenkraut (*Santolina chamaecyparissus*), die als mediterrane Pflanzen viel Sonne lieben, jedoch unter Frost und Nässe leiden und in rauen Regionen Reisigschutz benötigen. Daneben gibt es herrliche Blütenpflanzen wie Christrosen (*Helleborus*), Bartiris (*Iris-Barbata*-Hybriden), Nelken (*Dianthus*) oder Fackellilien (*Kniphofia*-Hybriden). Aber auch unter Gräsern und Farnen sind wintergrüne Schönheiten vertreten. Bei den Gräsern zählen neben Seggen (*Carex*), Schwingel- (*Festuca*) oder Marbellarten (*Luzula*) auch viele Bambusse dazu.

Heidekräuter – farbenfrohe Spezialisten

Sie passen nicht nur hervorragend zu anderen Immergrünen wie Rhododendren, Wacholder und Kiefern, sondern können auch herrliche Farbflächen und -tupfer bilden. Die Schneeheide (*Erica carnea*) blüht von Dezember bis April, die Besenheide (*Carnea vulgaris*) je nach Sorte von August bis November.

Oben: *Brombeeren* (Rubus fruticosus) *sind in milden Wintern wintergrün. Stachellose Sorten wie ›Thornless Evergreen‹ reifen in der Regel später als bestachelte. Ihre starken, langen Ranken kann man an Rosenbögen ziehen, aber auch an Spalieren oder Lauben, wo sie gleichzeitig als Sichtschutz dienen.*
Mitte: *So designstark die dreiteiligen gesägten Blätter der Korsischen Nieswurz (*Helleborus argutifolius*) vom Raureif konturiert werden, das mehrteilige Laub der Christrose* (Helleborus niger) *oder von* Helleborus-*Hybriden ist ebenfalls wintergrün, dekorativ und etwas winterhärter.*
Unten: *Bei anhaltend gefrorenem Boden und eisigen Temperaturen rollen Rhododendren ebenso wie der immergrüne Dornige Glanzschildfarn* (Polystichum acculeatum) *als Verdunstungsschutz ihre Blätter oder Wedel ein.*

Immergrüne Gehölze

Lassen sommergrüne Gehölze den Wechsel der Jahreszeiten stimmungsvoll miterleben, gewähren immergrüne Beständigkeit und Farbe. In Form von Laub- und Nadelgehölzen (Koniferen) können sie das Gartendesign mit grünen Säulen- und Hängeformen, Kegeln und Kugeln bereichern. Wer will, kann mit schnittverträglichen sogar »bauen« und nach Belieben Mauern, Torbögen usw. errichten.

Im Unterschied zu sommergrünen Gehölzen halten immergrüne keine radikale Winterruhe und müssen weiterhin ihr Laub mit Feuchtigkeit und Nährstoffen versorgen. Bei anhaltend gefrorenem Boden besteht deshalb für sie die Gefahr zu vertrocknen.

Unter den immergrünen Laubgehölzen nehmen die Moorbeetpflanzen eine Sonderstellung ein. Rhododendren, Lorbeerrose (Kalmia), Schattenglöckchen (Pieris) und Heidekräuter sind Kalkflieher und entwickeln ihre prächtigen Blüten nur in einem sauren Boden in geschützter, halbschattiger, luftfeuchter Lage.

Die winterliche Wunderwelt der Misteln

Der beliebte grüne Weihnachtsschmuck über der Tür wird seit Jahrtausenden als magische Pflanze verehrt. Kein Wunder, fruchtet sie doch im November/Dezember, ist dauergrün auch an Stamm und Wurzeln und wächst ohne Erdkontakt und unbeeindruckt von der Schwerkraft gleichmäßig nach allen Seiten zu runden Büschen heran.

Wie aus dem Baukasten wirkt dieser elitäre formale Garten, dem die dunklen Eiben in rechteckigen Formen und geraden Linien statischen Charakter verleihen. Ein herrliches Beispiel, in dem die Mythen umwobene Eibe beweist, dass sie zusammen mit Buchs zu den »gestaltungsfreudigsten« Immergrünen zählt und im Winter durch eine irisierende Puderauflage von Raureif und Schnee erst ihre volle Schönheit erreicht.

Gestalten mit immergrünen Gehölzen

Koniferen bilden ruhige Kulissen für Ziergehölze und Stauden und spenden dabei gleichzeitig Sicht- und Windschutz. Ihre Auswahl sollte gut bedacht sein, da sie mit ihrer Höhe die Proportionen kleiner Gärten sprengen können. Hohe Exemplare setzt man besser an

Immergrüne Gehölze für Schnitthecken

▷ Eibe (Taxus baccata)

▷ Thuja (Thuja occidentalis)

▷ Fichte (Picea abies)

▷ Berberitze (Berberis julianae)

▷ Buchs (Buxus sempervirens ›Arborescens‹)

▷ Stechpalme (Ilex aquifolium)

▷ Feuerdorn (Pyracantha coccinea)

Gartengrenzen. Zwergformen, die von Natur aus kugelig, säulen- oder kegelförmig heranwachsen, lassen sich wie formierte Buchsskulpturen als strukturgebende Akzente einsetzen. Sie können aber auch Beete und Wege flankieren oder Blickfänge vorgeben. Einige immergrüne Laubgehölze begeistern obendrein mit duftigen Blüten (z. B. Rhododendron) oder sind schnittverträglich (z. B. Stechpalme) und deshalb auch für formale Gärten eine wertvolle Bereicherung. Halbhohe Immergrüne können allein oder in kleinen Gruppen den Garten unterteilen. Vor ihrem dunklen Hintergrund heben sich schöne Borken, farbige Triebe und die kleinen Blüten winterblühender Gehölze besonders gut ab.

Winter-Dekor

Winterfester Gartenschmuck

Wie kostbar sind dem Gartenfreund doch all die Dinge, die im Winter sein gestaltetes Refugium verschönern. Neben den Pflanzen können auch andere Elemente die ätherische Winterwelt mit neuen Eindrücken beleben. Beläge von Wegen und Plätzen (oben) treten aus einer weiß überzuckerten Umgebung viel stärker hervor und erscheinen im Moiré des Schnees wie in einem neuen Farbdesign. Aber auch andere winterfeste Elemente wie Skulpturen (linke Seite) heben sich vor einem schneeweißen Hintergrund mitunter noch deutlicher ab oder werden wie Pavillons und Lauben zu schemenhaften Wintermärchen, wenn sie nicht durch kecke, kräftige Farben der irdischen Welt verhaftet bleiben.

Gartenschätze aus dem Reich der Fantasie

Oben: *Landlust mit einem Schuss Humor verbreiten diese beiden Heidschnucken, die ihrer Weide beraubt etwas ratlos im Schnee zu stehen scheinen. An schneelosen Tagen hebt sich ihr Wollweiß sicher besser von einem grünen Untergrund ab, nun aber kommt ihnen der dunkle Gehölzhintergrund zustatten.* Unten: *»Quelle der Zärtlichkeit« nennt der Künstler diese Schöpfung, die im Schnee auch an ein versonnenes, zeitlos glückliches Spiel mit Schneebällen denken lässt. Gefertigt ist die Plastik aus frostfest gebrannter Terracotta, die anschließend bemalt wurde.*

Zu jeder Jahreszeit setzen Akzente Gärten in Szene und verdichten ihre Ausstrahlung. Ob sie dabei reine Zier sind, wie Skulpturen oder dekorative Gefäße, oder aber auch nützlichen Beiwert haben, wie Bänke, Vogeltränken oder edle Rankelemente, ist eher unwichtig. Von Bedeutung ist vielmehr,

• dass sie aus frostbeständigen Materialien hergestellt sind, die über Jahre jeder Witterung trotzen und

• dass sie auch im Winter zum Stil von Garten und Haus passen.

Stil, Dekor und Atmosphäre

In formalen Gärten, in denen man gerne das Ende einer Allee oder einer Blickachse, das Zentrum eines Wegkreuzes oder einer geometrischen Fläche mit einem Blickfang krönt, garantiert frostfester Gartenschmuck auch im Winter die stilistische Vollendung klassischer Gartenbilder. Eine Bank oder Skulptur vor einer immergrünen Hecke, eine Vogeltränke oder eine formschöne Amphore im Wegkreuz, eine Säule mit Schale, eine bereifte Laube am Ende einer Blickachse oder eines Laubengangs vervollkommnen die gediegene Atmosphäre klassisch architektonischer Gärten. In frei gestalteten Gärten verwebt man Gartenschmuck gerne mit Pflanzen, wo er als zentrierendes Schmuckelement dem Betrachter eine romantische Symbiose von Natur und Kunst vor Augen führt und die Pflanzenvielfalt als Akzent strukturiert. Gleichzeitig gewinnt der Garten durch Stil und Farbe seiner dekorativen Elemente auch eine Stimmungslage. Im Winter kann die laubarme Natur durch klassischen Schmuck einen elegischen Zauber gewinnen, durch moderne oder witzige Objekte hingegen ihren melancholischen Charakter verlieren.

Winterfeste Materialien

Auch im Winter sollte schmückendes Ambiente sparsam eingesetzt werden, damit es sich nicht gegenseitig seiner Wirkung beraubt. Da Materialien oft durch ihre Farbe und Oberflächenstruktur bereits einen stilistischen oder atmosphärischen Beigeschmack haben, sollte man die Auswahl gut bedenken und auf einen kunterbunten Mix eher verzichten.

● Frostfestes Holz wie Plantagenteak, Robinie oder Eiche oder druckimprägniertes Hartholz verleiht Bänken, Gefäßen, Rankelementen, Lauben oder Pavillons winterliche Stabilität.

● Metall wie Schmiede- oder Gusseisen wird oft zu Sitzmöbeln verarbeitet, Bronze zu Plastiken, Blei, Kupfer, Zink und Zinn zu Gefäßen.

● Naturstein bewährt sich für Beläge, Bank, Vogeltränke, Sonnenuhr, Gefäß oder Skulptur.

● Preiswerter ist das immer größer werdende Sortiment an Beton- oder Steinguss-Nachbildungen klassischer Gefäße und Plastiken.

● Winterfester Kunststoff findet bei Gefäßen und Sitzmöbeln Anwendung.

● Auch Glas, Porzellan und Terracotta bieten in Form von Kugeln oder Figuren eine edle Optik.

Oben: *Eine Buchskugel im Topf, bunte Rosenkugeln und ein munteres Glücksschwein unterstreichen den Übergang zwischen Terrasse und Garten mit einer farbigen und verspielten Note. Damit Rosenkugeln den Winter gut überstehen, sollte man sie nicht auf Weichholzstäbe stecken, die Feuchtigkeit aufsaugen, sich beim Gefrieren ausdehnen und dadurch den Kugelhals sprengen können.*
Unten: *Man ist versucht zu rätseln, welchem schmerzlichen Geheimnis die Dame aus Steinguss vor der dunklen Eibenhecke wehmütig nachsinnt.*

Winterliche Arrangements

In den Winter fällt auch die Zeit vorweihnachtlicher
Freuden mit stimmungsvollen, früh hereinbrechenden
Abenden. Wenn draußen alles Blühen erloschen ist,
nimmt die Lust am Dekorieren zu. Schon der Haus-
eingang vermag erwartungsfroh auf Weihnachten einzu-
stimmen mit klassisch rot-grüner Dekoration, elegant
in Silber und Violett, nach Belieben auch verschwende-
risch-üppig in Gold und Rot – oder aber mit Schätzen
der Natur wie Zweigen, Zapfen, letzten Früchten und
Blüten. Auf Balkon und Terrasse aber können advent-
liche Arrangements den Blick auf den Garten malerisch rahmen und ihm lange in die Nacht hinein mit
flackernd warmem Kerzenschein den Weg weisen.

Ob Girlanden um die Eingangstüre, Koniferen oder Buchs in Töpfen mit Perlen und Bändern, gesteckte Kästen mit Kugeln oder Sternen – die Möglichkeiten Pflanzen mit Weihnachtsschmuck zu kombinieren sind fast unendlich. Mit Moos oder immergrünen Blättern beklebte Styroporkugeln, Zapfen und Ilexzweige mit roten Beeren lassen sich mit kunstgewerblichem oder natürlichem Dekor zu farbenprächtigen Dekorationen arrangieren. Nicht zu vergessen: der Mistelzweig über der Tür …

Rechts: Das duftende Kräuter-Arrangement mit Heiligenkraut (Santolina chamaecyparissus), *Rosmarin, Silberthymian* (Thymus vulgaris ›Argenteus‹), *Oregano* (Origanum vulgare) *und Lavendel* (Lavandula angustifolia, *von links nach rechts) in Töpfen sollte bei anhaltendem Frost ins Haus geholt werden. Bis dahin wird es zusammen mit den Zapfen und beklebten Kugeln ins anheimelnd warme Licht von Kerze und Lichterkette getaucht.*

Unten: Windlichter und Laterne überziehen zusammen mit den ballonartigen Hüllen der Lampionblume (Physalis alkekengi var. franchetii) *die grüne Dekoration mit flackerndem Kerzenlicht. Die Styroporkugeln wurden mit Moos, Efeu- und Ilexblättern beklebt, während der Efeukranz im Topf einwachsen darf.*

Winterschmuck aus und für den Garten

Links: *Alles andere als einen frostigen Empfang bereitet dieser Schneemann Ankömmlingen am Zaun. Auch wenn sie vergänglich sind, werden Schnee und Eis immer mehr von Künstlern als Gestaltungsmaterial genutzt.*
Unten: *Die schnellste Maus von Mexiko ist dieses pfiffige Nagetier sicher nicht – dafür aber wohl eine der größten und schönsten Schneemäuse.*

Auch ein Garten, der sich zur Ruhe gebettet hat, vermag den sehnsuchtsvollen Gärtner mit kleinen Aufmerksamkeiten zu verwöhnen, die es ihm erlauben, sein Heim damit zu verschönern. Umgekehrt kann dieser ihn mit einigen schlichten saisonalen Effekten bereichern, die sich in reizvollen Ansichten bezahlt machen.

Schmuck aus dem Garten

Ein paar Zweige von Efeu oder Spindelstrauch, Eibe, Buchs oder Stechpalme genügen, um einer weihnachtlichen Tischdekoration, einer Girlande oder Gestecken eine grüne Basis zu verleihen, die man apart mit transparentem Glas-, Silber- oder Goldschmuck zieren kann. Wer dazu noch filigrane Triebe von Heidel- oder Preiselbeeren, Clematis oder Birken ergänzt, papiertrockene Hortensienblüten vor dem ersten knickenden Schneefall abschneidet oder orangefarbene Blüten der Lampionblume zur Verfügung hat, ist schon ein Glückskind. Auch in modernes Ambiente passen Vasenarrangements aus nur wenigen großen Zweigen, wie von der Korkenzieherhasel (*Corylus avellana* ›Contorta‹) oder Korkenzieherweide (*Salix matsudana* ›Tortuosa‹), an die man edlen oder modernen Weihnachtsschmuck heftet. Da die Zweige im Haus nicht austreiben müssen, kann man sie auch ohne Wasser aufstellen und über viele Jahre erneut verwenden. So erspart man den langsam wachsenden Gehölzen einen jährlich reduzierenden Schnitt.

Mit nur wenig Aufwand bietet der Garten sogar frische Blüten zur Weihnachtszeit an den so genannten Barbarazweigen. Man nimmt dazu an Barbara (4. Dezember) Zweige von Apfel/Zierapfel *(Malus)*, Kirsche/Zierkirsche *(Prunus)*, Forsythie *(Forsythia)*, Mandelbäumchen *(Prunus triloba)*, Felsenbirne *(Amelanchier lamarckii)* oder Duftschneeball *(Viburnum farreri)* ab, schneidet sie schräg an und hält sie einige Tage in Wasser an einem kühlen Platz. Legt man sie anschließend 12 Stunden in handwarmes Wasser (35 °C) und stellt sie mit der Vase hell im Zimmer auf, werden sie zu Weihnachten blühen und ein Vorgefühl auf den Frühling erwachen lassen.

Dekorationen im Garten

Bepflanzte Gefäße mit Buchs, Minikoniferen und Winterheide sowie gesteckte Gefäße können an beliebigen Stellen im Garten als kleine Highlights fungieren.

Auch dekorative Futterstellen für Vögel, niedliche Futterhäuschen oder hübsche Futterspender wie selbst zubereitetes Fettfutter in aufgehängten Plätzchenformen oder in umgedrehten bemalten Tontöpfen sind kleine Hingucker.

Mit etwas Aufwand kann man auch den Winterschutz für Rosenhochstämmchen, Kletterrosen, Stauden oder Gräser so attraktiv gestalten, dass er zu einem sehenswerten Blickfang wird.

Wer gefiederte Gäste in Hausnähe bewirtet, kann vom Fenster aus ihr munteres Treiben beobachten. Oft nehmen sie im Winter auch Vogelhäuschen als Unterkunft an. Man sollte diese deshalb im Herbst gründlich säubern und mit Stroh oder trockenem Laub auspolstern. Dieses halbzahme Rotkehlchen scheint sich noch nicht schlüssig zu sein, welches der reizenden Eigenheime es beziehen soll.

Blütenfest im Winter

Winterblühende Gehölze und Blumen

Wer seinem Garten nicht mit dem herbstlichen Blätterfall die Aufmerksamkeit bis zum Frühjahr entzieht, wird schon längst das Bild vom »Absterben im Winter« revidiert haben. Vielmehr begeben sich die meisten Pflanzen in eine Rekreationsphase. Mit dem Rückzug der einen beginnen andere vereinzelt schon zu erwachen. So öffnen frühe Sorten der Schneeheide (Erica carnea, oben) bereits im Dezember ihre kleinen vierzipfeligen Blüten, zu denen sich ab Januar die ersten Blüten der Zaubernuss (Hamamelis mollis, linke Seite) gesellen können. Solch vorwitzige Frühblüher sollten in keinem Garten fehlen, denn sie signalisieren nicht nur den Neubeginn einer Gartensaison, sondern lassen auch den Winter als Übergangsphase erleben.

Gehölze als Vorboten des Frühlings

Die ersten Blüten im Garten werden stets mit besonderer Freude und Erwartung begrüßt. Inmitten von Frost und Schnee verkörpern sie ein kleines Wunder, an dem man sich staunend und beglückt nicht sattsehen kann.

Zart im Aussehen – hart im Nehmen

Unter den winterblühenden Gehölzen (siehe Tabelle im Anhang) sind etliche, die sich nur für mildes Weinbauklima oder sehr geschützte Lagen eignen. Andere können selbst strenge Kälte gut überstehen. Fast alle sind zierliche, anmutige Sträucher mit kleinen Blüten, die einen zarten Duft verströmen. Aber auch bei einem winterharten Strauch, sind die Blüten nicht unbedingt gegen Frost gefeit.

Bei der manchmal schon ab November blühenden Schneekirsche (*Prunus subhirtella* ›Autumnalis‹) erliegen ihm die weißen, halbgefüllten Blüten sofort. Da aber ihre Knospen nicht erfrieren, kann sie bis April laufend neue Blüten öffnen. Dennoch hat man in einem milden Klima an dieser Pflanze sicher mehr Vergnügen. Völlig frosthart hingegen sind die Blüten der Zaubernuss und ihrer Hybriden, die deshalb auch in rauem Klima nicht enttäuscht.

Mit zu den bezauberndsten Frühblühern zählen Winterschneeball (*Viburnum x bodnantense* 'Dawn') und Duftschneeball (*Viburnum farreri*), die beide in milden Regionen oder an einem geschützten Platz schon ab November ihre rosafarbenen, stark duftenden Blüten öff-

Oben: *Aus rosa Knospen öffnet der Duftschneeball* (Viburnum farreri) *seine süßduftenden Rispen, deren Parfum Rosemary Verey als Mandelduft beschreibt.*
Unten: *Den zerknittert aussehenden Kronblättern der quastenartigen Blüten der Zaubernuss können Schnee und Frost so schnell nichts anhaben. Bei Kälteeinbruch rollen sie sich zusammen, um sich an wärmeren Tagen wieder zu entfalten. Die Blüte dauert meist über drei bis vier Wochen.*

nen. Wie Schneekirsche und Zaubernuss schmücken sie sich ferner mit einer auffallenden Herbstfärbung.

Der ab Februar sonnengelb blühende Winterjasmin *(Jasminum nudiflorum)* wird mit seinen grünen weichen Trieben gerne an Rankgerüsten festgebunden. Viel anmutiger sieht er jedoch aus, wenn er sich über eine Brüstung oder ein Geländer lehnen darf.

Gestaltungstipps

Die zierlichen Sträucher sind ideale Gehölze für kleine Gärten. Da viele von ihnen mit Früchten oder attraktiver Herbstfärbung ein zweites Mal auf sich aufmerksam machen, sollten sie im Garten einen besonderen Platz erhalten, zum Beispiel

- in Einzelstellung vor der Terrasse,
- als Zentrum und Höhenelement eines Inselbeetes,
- als duftender Blickfang vor einem Fenster;
- als Willkommensgruß im Vorgarten,
- vor immergrünen Gehölzen, deren dunkler Farbton die hellen, kleinen Blüten gut zur Geltung bringt,
- vor weißen Mauern und Wänden, vor denen sich vor allem die kräftig roten oder orangefarbenen Sorten der Zaubernuss gut abheben,
- vor oder in einer freien Hecke, wofür sich zum Beispiel Haselnuss *(Corylus avellana)*, Kornelkirsche *(Cornus mas)*, Seidelbast *(Daphne mezereum)* oder Winterschneeball *(Viburnum x bodnantense)* eignen.

Oben: *Die männlichen Blüten (Kätzchen) der Korkenzieherhasel* (Corylus avellana ›Contorta‹) *werden schon im Herbst angelegt und öffnen sich ab März.*
Unten: *So unscheinbar die Einzelblüten der Kornelkirsche* (Cornus mas) *sind, können sie doch in der Masse den Strauch in einen goldgelben Schleier hüllen.*

Gehölze als Vorboten des Frühlings

Der Name »Zaubernuss« geht auf die »verhexte« Eigenheit der Pflanze zurück, dass ihre haselnussartigen Früchte erst nach einem Jahr genau zur Blütezeit reif sind. Im Herbst brilliert der Strauch mit einem zweiten Farbfeuerwerk, wenn sich sein Laub orange bis goldgelb verfärbt.

Blühender Pointillismus

»Wenn ich zwanzig Jahre zurückgehen könnte, dann würde ich einen ganzen kleinen Hain aus diesen beiden Asiaten anlegen, und dann hätte ich jetzt viele hohe Sträucher zur Auswahl und bräuchte nicht so geizig zu sein, wenn Freunde mich um einen Zweig bitten«, schreibt Vita Sackville-West über die Zaubernuss und bezieht sich dabei auf die Chinesische *(H. mollis)* und die Japanische *(H. japonica)* Zaubernuss, die beide je nach Klima und Standort schon ab Januar gelb blühen. Heute pflanzt man meistens jedoch eine der groß- und dichtblütigen Hybriden, von denen es auch orangefarbene, rote und kupferbraune Sorten gibt.

Man sollte die meist breit ausladend, aber langsam wachsenden Sträucher als Solitär nahe ans Haus und möglichst vor einen dunklen Hintergrund pflanzen, damit man ihren leichten Honigduft genießen kann und die kleinen Blüten gut hervortreten. Viel Pflege benötigen die schönen robusten Gehölze nicht – und vor allem keinerlei Schnitt.

Während winterblühende Gehölze mit hellen Tönen, wie Weiß, Rosa oder Gelb, und süßem Duft im winterlichen Garten Zitate neuen Lebens einfließen lassen, beginnt seine lebensvolle Farbigkeit erst wirklich mit den kleinen Blüten erster Zwiebelblumen und Stauden.

Wildhafte Zwerge

Sobald der Schnee schmilzt, die Tage länger werden und die Sonne an Intensität zulegt, beginnt es sich am Gehölzrand und unter Laubgehölzen, aber auch in Beet und Rasen zu regen. Auch wenn es von einigen Frühblühern, wie zum Beispiel Christrosen, viele Sorten gibt, haben sie doch alle ihren wildhaften Charakter und niedrigen Wuchs behalten, der es ihnen ermöglicht, geduckt an den Boden und im Schutz der Gehölze noch so manchen Schneeschauer zu überstehen.

Eröffnung der Farbpalette

● Weiß recken sich Schneeglöckchen *(Galanthus nivalis, Galanthus elwesii)*, Märzenbecher *(Leucojum vernum)* und Gänseblümchen *(Bellis perennis)* der Sonne entgegen.

● Blau bis violett erblühen Vorfrühlingskrokusse wie der bezaubernde Elfenkrokus *(Crocus tommasinianus,* mit großblütigen Sorten wie ›Ruby Giant‹), Leberblümchen *(Hepatica transsylvanica)*, die strahlend-blaue Netziris *(Iris reticulata,* Foto S. 108/109) und auch so manches vorwitzige Duftveilchen *(Viola odorata)*.

Oben: *Schneeglöckchen* (Galanthus nivalis) *künden den nahenden Frühling an.*
Unten: *Christrosen (Helleborus-Hybriden) ziert immergrünes Laub.*

• Reines Rosa und Rot sind noch spärlich. In gedeckten oder dunklen Rot-Nuancen machen sich vorerst Christrosen *(Helleborus-Hybriden)* breit. Zartrosa schieben sich die kräftigen, blattlosen Doldenköpfe der Duftenden Pestwurz *(Petasites fragrans)* aus dem Boden, die wegen ihres Vanilleduftes in England »Winterheliotrop« heißt. In kräftigem Rosa hingegen ducken sich Frühlingslichtblumen *(Bulbocordium vernum)* oder Vorfrühlings-Alpenveilchen *(Cyclamen coum)* an Gehölzränder, bevor endlich ab März erstes Scharlachrot mit Wildtulpen (wie *Tulipa praecox, Tulipa schenkii)* und Botanischen Tulpen Einzug im Garten hält. Zu ihnen zählen die nur 20 bis 40 Zentimeter hohen Sorten und Hybriden dreier Wildarten, die zeitlich von den Seerosen-Tulpen (Kaufmanniana-Hybriden) ab Anfang März angeführt werden. Ihnen folgen die Fosteriana–Hybriden, deren Laub oft rot oder violett gesäumt ist, während es bei den Greigii-Hybriden stets eine aparte braune oder violette Zeichnung trägt.

• Das Gelb der Sonnenstrahlen verdichten am Boden Winterlinge *(Eranthis hyemalis)*, Wildkrokusse (wie *Crocus ancyrensis, C.angustifolis, C.flavus, C. chrysanthus)*, die reingelbe *Iris danfordiae* sowie Zwergnarzissen. Mit all dieser Blütenpracht stellen sich auch die Töne und Klänge wieder ein. Ab Ende Februar kehren erste Zugvögel zurück und stimmen mit anderen ihre Paarungsstrophen an, während Bienen glücklich über das frische Angebot von Blüte zu Blüte summen.

Oben: *Einmal eingewachsen, versamen sich gelber Winterling* (Eranthis hyemalis) *und Elfenkrokus* (Crocus tommasianus) *über den ganzen Garten.*
Unten: *Weiß-violetter Schneestolz* (Chionodoxa luciliae), *Balkananemone* (Anemone blanda) *und Lungenkraut* (Pulmonaria officinalis) *ergänzen ab März das Farbspectrum durch vielfältige Blautöne.*

Serviceteil

Winterschutz im Garten

Gefahren des Winters

Ein Buch, das sich über vielen Seiten Gestaltungsideen im Winter verschreibt, wäre unseriös, wenn es nicht auch die pflanzengefährdenden Aspekte dieser rauen Jahreszeit bedenken würde. Je nach regionalem Klima empfehlen sich deshalb recht unterschiedliche Gewächse und Gestaltungsmöglichkeiten – und oft ist es sogar besser, Pflanzen mit solidem Schutz weniger romantisch über den Winter zu bringen, als sie in Schönheit seinen Unbilden zu opfern.

Klima- und Wetter bedingte Risiken

Das winterliche Wetter kann mit Kahlfrösten, austrocknenden kalten Winden, Sonne, Staunässe oder schweren Schneelasten Pflanzen auf vielerlei Weise schädigen. Die Gefahr des Erfrierens ist dabei meistens geringer als die zu vertrocknen.

Eisige Winde können nicht nur immergrünen Gehölzen schaden, sie vermögen auch die Verdunstung dünner Triebe, die noch nicht ganz ausgereift sind, zu beschleunigen, sodass diese, vor allem wenn die Pflanze bei gefrorenem Boden keine Feuchtigkeit nachziehen kann, verdorren. Pflanzen sind hierfür recht unterschiedlich prädisponiert. Aber auch der Garten selbst kann recht unterschiedliche Bedingungen bieten, wenn etwa durch Schneisen kalte Winde ungehindert eindringen.

Sonne, vor allem an Spätwintertagen, kann bei gefrorenem Boden eine ähnlich verheerende Wirkung auf Gehölze ausüben. Hiervon sind an erster Stelle Koniferen und immergrüne Laubgehölze betroffen, die durch ihre Nadeln und Laubblätter auch im Winter ständig Feuchtigkeit verdunsten.

Kahlfröste sind dann besonders gefährlich, wenn sie über den ungeschützten Boden tief eindringen können und die Wasserversorgung der Pflanzen lahmlegen. Kommen dann Wind oder Sonne hinzu, sind auch bei winterharten Pflanzen schnell Ausfälle möglich.

Staunässe durch Regen oder tauenden Schnee bildet sich im Winter schneller als zu anderen Jahreszeiten. Dann nämlich sind Unterschichten des Bodens häufig noch gefroren, sodass das Wasser keinen Weg findet. Vor allem Stauden, die auf durchlässigen Boden angewiesen sind, wie Steintäschel (Aethionema) oder Grasnelken (Armeria), können, wenn sie in eiskaltem Wasser stehen, schnell verfaulen. In regenreichen Wintern und Regionen schützt man sie deshalb durch schräges Abdecken mit einer lichtdurchlässigen Glasscheibe oder Folie.

Schnee, der in übergroßen Mengen auf Gehölzen liegenbleibt, kann deren Äste brechen, zumal wenn es sich um schweren Nassschnee handelt.

Von Menschen verursachte Winterschäden

Streusalzschäden entstehen bei Pflanzen, die in nächster Nähe von Straßen stehen, auf denen im Winter Salz ausgebracht wird. Vor allem immergrüne Hecken fallen dem Salz schnell zum Opfer, verbräunen und sterben ab. Am sichersten schützt man sie auch gegen das Spritzwasser mit Folien, die vom Boden bis 2 Meter hoch vor der Hecke angebracht werden.

Dachlawinen erdrücken immer wieder Rosen oder Stauden, die unüberlegt unter Vordächer gepflanzt wurden. Erstickt werden aber auch Pflanzen, auf denen man beim Schneeräumen die schwere weiße Pracht ablagert. Stehen dafür nur Staudenrabatten neben dem Weg zur Verfügung, ist es um sie schnell geschehen. Winterphänomene wie diese sollten also zu jeder Zeit bedacht und bei der Gestaltung und Bepflanzung des Gartens berücksichtigt werden.

Schutz für Gehölze

Gehölze im Winter zu schützen, bedeutet immer zweierlei:
• Schutz ihres Wurzelbereichs durch eine Isolierschicht aus Laub, Rindenmulch oder Kompost, damit Kahlfröste nicht tief in den Boden eindringen können.
• Schutz ihrer oberirdischen Pflanzenteile vor Sonne und Wind, Frost und Schnee.
Die meisten unserer sommergrünen Sträucher und Bäume überstehen auch strenge Winter gut. Wesentlich empfindlicher sind jedoch die immergrünen Gehölze. Während die meisten Nadelgehölze ihre Verdunstung durch einen dicken Wachsüberzug ihrer Nadeln herabsetzen, leiden immergrüne Laubgehölze schnell an sogenannter Frosttrocknis. Durch einfache Maßnahmen kann man sie jedoch meist vor Schaden bewahren.

Die Frostempfindlichkeit von Gehölzen

Sie hängt ab:
▷ von Gattung, Art und Sorte der Pflanze.
▷ von der Herkunft der Pflanze: Gehölze aus klimatisch wärmeren Regionen treiben oft bis weit in den Herbst hinein, sodass ihre Triebe bei Frostbeginn nicht genügend ausgereift sind; sie benötigen unbedingt einen Schutz ihrer Triebe.
▷ vom Alter des Baumes oder Strauches: Jüngere Pflanzen sind stets frostempfindlicher als ältere, ans Klima angepasste.
▷ vom Klima: Bei langsam sinkenden Temperaturen überstehen Pflanzen tiefe Minusgrade besser, als bei abrupten Einbrüchen.
▷ vom Wetter: Dicke Schneematten aus leichtem, lockerem Schnee bilden eine gut wärmende Isolierung.
▷ von der Düngung: Werden Gehölze ab Juli noch stickstoffhaltig gedüngt, wird ihr Wachstum angeregt, ihre Triebe bleiben weich und saftig und verholzen nicht ausreichend bis zum Frostbeginn. Man sollte also ab Ende Juli auch das Düngen mit Volldüngern, die immer Stickstoff enthalten, einstellen.

Immergrüne Laub- und Nadelgehölze schützen

Wässern. Wichtig ist, dass diese Bäume und Sträucher in gut durchfeuchtetem Boden in den Winter gehen. War der Herbst nicht regenreich, sollte man vor Frostbeginn alle Immergrünen durchdringend wässern. Auch zwischen Frostperioden, wenn der Boden offen ist, ist nochmaliges Gießen sehr förderlich.

Verdunstungsschutz. Vor allem bei Kahlfrost und intensiver Sonne im Spätwinter können Immergrüne vertrocknen. Durch Lattengerüste mit Schattiergewebe, Schilfmatten oder Sackleinen lässt sich im Schatten die Verdunstung reduzieren, ohne dass sich die Pflanzen in einem Luftstau befinden. Einzelstehende kleinere Sträucher wie Rhododendren, Schattenglöckchen oder Kirschlorbeer können mit Reisig abgedeckt werden oder durch ein Dach überbaut werden, das gleichzeitig Schnee und Wind abhält.

Einpacken empfiehlt sich nur bei sehr empfindlichen Pflanzen, wie zum Beispiel Kamelien. Stroh und luftdurchlässige Folie oder Schilfmatten sind zu empfehlen. Keinesfalls sollte man Plastikfolie verwenden, die bei Sonne zu Hitzestau und Austrocknung führen kann. Zuviel Wärme ist nicht wünschenswert, da sie die Saftzirkulation anregt und einen frühen Austrieb begünstigt, der die Pflanze erst recht frostanfällig macht.

Schnee abklopfen. Auf immergrünen Gehölzen bleibt Schnee in größeren Mengen liegen. Damit es nicht zu Bruchschäden kommt, sollte man ihn regelmäßig entfernen.

Form wahren. Hohe, schwere Schneeauflagen können auch die langen oder weichen Triebe von Immergrünen auseinanderbiegen, sodass ihr ebenmäßiger, zum Beispiel säulenförmiger Wuchs verunstaltet wird. Gerade in formalen Gärten, in denen architektonische Formen großes Gewicht besitzen, sollte man die Pflanzen mit weichen, breiten Bändern umwickeln, die den Winter über die Form wahren.

Obstgehölze schützen

Junge Gehölze sind grundsätzlich noch weicher im Holz, aber dadurch auch frostempfindlicher, weil sie den kalten bodennahen Schichten noch nicht mit dicker Borke entwachsen sind. Gefährdet sind besonders jüngere Apfel- und Kirschbäume.

Mit Stroh oder Reisig kann man ihre schlanken Stämme vor Frost schützen. Das große Problem von älteren Obstbäumen sind jedoch Frostrisse, wie sie vor allem von Januar bis März bei Minusgraden in schon gut wärmender Sonne vorkommen. Dabei erhitzt sich der Stamm auf der Südseite, während er auf der Nordseite oft bereift bleibt. Innerhalb des Stammes entsteht dadurch ein Temperaturunterschied von bis zu 20 °C. Der Zellsaft auf der Sonnenseite wird durch die Wärme dünnflüssig. Folgt eine Frostnacht, bilden sich im Saft Eiskristalle, die die Zellen sprengen. Zu Frostrissen kommt es, wenn die Spannung durch Temperaturunterschiede oder die Kristallbildung zu groß wird. Sie sind oft zunächst nur als schwach gerötete Linie zu erkennen, können aber auch mit lautem Knall platzen. Ohne rasche Behandlung hebt sich die Borke am Rand ab und rollte sich ein.

Einfache Vorbeugemaßnahmen helfen jedoch, dass es dazu nicht kommt.

Ein Weißanstrich von Stamm und Astansätzen reflektiert das Licht, sodass die Temperatur im Stamm weniger ansteigt. Am besten bringt man den Anstrich im Dezember oder Januar an.

Durch Umhüllen des Stammes mit Reisig, Stroh, Pappe oder Schilfrohrmatten schattiert man ihn vor der Sonne.

Mit Holzbrettern, die einfach im Januar/Februar an die Südseite der Stämme gelehnt werden, kann man ihnen ebenfalls Schatten spenden. Immer wieder werden stattdessen Metallbleche verwendet. Dies ist keine gute Lösung, da sie sich verstärkt erhitzen und die Wärme an den Baum weitergeben.

Winterschutz für Rosen

Die Frostfestigkeit von Rosen beginnt mit der Auswahl winterharter Sorten und damit, dass man sie so einpflanzt, dass die empfindliche Veredelungsstelle drei Fingerbreit in den Boden kommt. Wichtig zur Vorbereitung auf den Winter ist bei Rosen, dass sie ab Juli keine Stickstoffgaben mehr erhalten. Ende August/Anfang September fördert jedoch eine Kaligabe (50 g Patentkali pro m²) die Entwässerung der Zellen und damit die Holzreife der Rosen. Der Winterschutz sollte nie zu früh erfolgen

▷ Edel-, Beet-, Zwerg und Strauchrosen: Letzte Blüten entfernen. Rosen mit Erde oder Kompost 20–30 Zentimeter hoch anhäufeln. Triebe mit Reisig abdecken. In Strauchrosen Reisig hineinhängen oder die Pflanzen mit Sackleinen oder Jute vor spätwinterlicher Sonne und Winden schützen.

▷ Kletterrosen: Etwa 40 Zentimeter hoch anhäufeln. Rosentriebe an Spalieren mit schuppenartig angeordnetem Reisig abdecken, mit Sackleinen behängen oder mit Schilfmatten locker einhüllen. Kletterrosen an Rosenbögen mit Reisig, speziellen Rosenhauben oder Schilfmatten luftig umhüllen. Nie Plastikhüllen verwenden!

▷ Hochstämmchen: Vor dem Einwintern müssen ihre Triebe von Blüten und Blättern befreit und eingekürzt werden. Junge Hochstämmchen kann man an frostfreien Tagen langsam bis auf die Erde umbiegen. Zuvor den Stamm zum Schutz vor Wintersonne mit Reisig umwickeln, dann mit Haken im Boden verankern. Fuß und Krone hoch mit Erde anhäufeln. Ältere Hochstämmchen werden ebenfalls am Fuß angehäufelt. Den Stamm umwickelt man mit Reisig oder Sackleinen; die Krone wird mit Holzwolle oder Reisig geschützt, darüber stülpt man einen Jutesack oder eine spezielle Rosenhaube aus dem Fachhandel. Wichtig ist, dass die Veredelungsstelle am Ansatz der Kronenverzweigung gut eingepackt wird.

Schutz für Stauden, Gräser und Farne

Stauden im Winter

Die oberirdischen Pflanzenteile der meisten Stauden sterben im Herbst ab, während sich die Pflanzen zum Überwintern in ihre unterirdischen Organe zurückziehen. Dabei benötigen nur einige empfindliche Arten und Sorten Schutz, wie Federmohn (*Macleaya*), Schaublatt (*Rodgersia*) oder Farnherzblume (*Dicentra eximea*). Ihnen genügt eine schützende Abdeckung aus Reisig oder Laub, die man mit Kompost beschwert. Auch robustere weichkrautige Stauden, die bereits den ersten Frösten erliegen, haben wie ihre empfindlichen Kollegen dem winter-

lichen Garten nichts zu bieten. Im Unterschied dazu sorgen Stauden, deren holzigere Stängel mehr Standfestigkeit und deren Samenstände dauerhafte Präsenz garantieren, für malerische Gartenbilder zumindest im Raureif. Zu einer dritten Gruppe zählen die immer- oder wintergrünen Stauden, die jedoch nicht alle ihr schönes Grün in gleichem Maße präsentieren. Einige, wie Fackellilien (*Kniphofia*) oder Palmlilie (*Yucca*), überstehen den Winter nur, wenn sie hinter Winterschutz verborgen sind. Andere jedoch, wie Iris, Haselwurz (*Asarum*), Christrose (*Helleborus*), können den Garten mit ihren grünen Formen bereichern, solange sie nicht der Schnee überdeckt. Schädigend wirkt sich auf alle winter- und immergrünen Blätter die intensive spätwinterliche Sonne bei gefrorenem Boden aus. Hier hilft eine lockere Schattierung durch Reisig, das aber im Frühjahr nicht zu spät entfernt werden darf. Die unter der Abdeckung erhöhten Temperaturen begünstigen nämlich einen frühen Austrieb, sodass die Pflanze unter Umständen ein Opfer von Spätfrösten werden kann.

Möglichkeiten des Winterschutzes. Lockerer Pulverschnee ist eine wärmende Schneedecke, unter deren Schutz auch wintergrüne Stauden kaum Schaden nehmen können. Wo er fehlt, müssen etliche Sorten vor allem im Spätwinter Hilfe erhalten. Wer empfindliche Pflanzen nicht bereits im Herbst mit einer Laubaufschüttung aus trockenen Blättern versorgte, kann bei sonnigem Kahlfrost über Einzelpflanzen auch Kartons stülpen. Die Blatthorste von Fackellilie und Yucca hingegen bindet man in der Mitte zusammen, damit keine Nässe in sie eindringt, und schüttet sie rundherum hoch mit Laub an.

Wissenswertes über das Isolationsmaterial Schnee

Schnee wirkt aufgrund seines hohes Luftgehalts stark isolierend und kann Boden und Pflanzen sehr wirksam vor Kälte und Temperaturschwankungen abschirmen. Die beste Fähigkeit dazu hat Pulverschnee. Dieser entsteht bei ruhigem Wetter aus großen trockenen Schneeflocken, die bei Wind auch wieder zerstieben können. Schneeflocken wiederum setzen sich aus Schneekristallen zusammen, von denen man – je nach den Entstehungstemperaturen in den Wolken – vier Formen unterscheidet:

▷ unverzweigte Nadeln und amorphe Gebilde (– 4 bis – 8°C)
▷ unverzweigte Säulen, Knöpfe, Platten, Prismen (– 8 bis – 12°C)
▷ sechsstrahlige Sterne oder plattige Sterne (–12 bis –18°C)
▷ bereifte Kugeln, unvollständige Sterne und Platten (–18 bis – 26 °C)

In kalten Entstehungswolken bilden sich kleine Schneeflocken, die der Wind zu einer festen Decke (Schneewehen) verbacken kann, die bei Gehölzen Bruchschäden hervorrufen kann.

Bei Temperaturen nur wenig unter Null bilden sich die größten Schneeflocken, die im Frühjahr bei erwärmten Bodentemperaturen schwer und nass werden. Dieser Nassschnee führt etwa bei immergrünen Gehölzen die schlimmsten Bruchschäden herbei.

Gräser im Winter

Mehrjährige Ziergräser lassen sich in Bezug auf ihre Überwinterung in grundsätzlich schutzbedürftige, aus milden trockenen Gegenden stammende und in winterharte unterscheiden. Bei letzteren wiederum gibt es Gräser, deren Halme sich im Herbst verfärben und absterben, sowie immer- oder wintergrüne. Den winterlichen Garten bereichern malerisch verfärbte standfeste Arten und Sorten sowie die immer- und wintergrünen.

Möglichkeiten des Winterschutzes. Zur Vorbereitung auf ihren herbstlichen und winterlichen Auftritt sollte man Gräser im Sommer nur sparsam düngen. Dies garantiert eine gute Standfestigkeit und eine herrliche Herbstfärbung. In schneearmen Regionen können sie mitunter bis zum Spätfrühling ihre bleich- bis rotgoldene Pracht zeigen. In schneereichen Regionen hingegen werden vor allem höhere und weit überhängende oft vom Schnee geknickt. Wer sie dennoch stehen lässt, sollte sie zeitig im Frühling handbreit zurückschneiden. Solche, die sich schnell zu verdichteten Horsten entwickeln, wie das Lampenputzergras, werden alle 3–4 Jahre geteilt, damit sie nicht von innen heraus verkahlen. Zarte, wenig standfeste Gräser sollte man bereits bei Winterbeginn zurückschneiden. In regenreichen Regionen bindet man sie besser schopfartig zusammen, damit kein Wasser in sie eindringt und Fäulnis verursacht. Um winter- und immergrüne Gräser vor der Wintersonne zu schützen, genügt ein schattiger Platz oder eine Schneedecke. Wo beides fehlt, kann man mit einer Reisigabdeckung nachhelfen. Im Frühjahr dann den Schutz entfernen und abgestorbene oder unschöne Halme herausnehmen.

Frostempfindliche hohe Gräser wie Pampasgras (*Cortaderia selloana*), Pfahlrohr (*Arundo donax*) oder Goldbartgras (*Sorghastrum nutans*) werden rundherum hoch mit Laub angehäufelt, wobei es sich empfiehlt, Pampasgras und Chinaschilf gegen Nässe zusätzlich am Schopf zusammenzubinden.

Sonderfall Bambus

Auch immergrüner Bambus sollte zusätzlich zu den eigenen abgefallenen Blättern im Herbst eine dicke Laubdecke erhalten. Wie Rhododendron rollt er seine Blätter bei Wassermangel und Frost ein, um sie nach dem Gießen wieder zu entfalten. In sehr kalten Wintern können die Pflanzen auch einmal alle Blätter abwerfen. Dann heißt es Geduld zu üben, und die Triebe nicht gleich bodeneben zurückschneiden. In vielen Fällen treiben sie nach einiger Zeit wieder aus. Ausläufertreibende niedrige Arten hingegen können sogar mit dem Rasenmäher geschnitten werden, wenn sie nach dem Winter nicht mehr ansehnlich sind.

Farne im Winter

Bei sommer- wie immergrünen Farnen sind die Rhizomköpfe inmitten der Wedel besonders empfindlich. Sie sollten von umgeknickten Wedeln, Laub oder Schnee geschützt werden. Ältere Wurmfarne (*Dryopteris*), Straußfarne (*Matteuccia*) und Schildfarne (*Polystichum*) wachsen stammförmig aus dem Boden heraus und sind an dieser Stelle besonders anfällig für Kälte und Nässe. Man häufelt sie deshalb mit Erde an und umhüllt alles mit einem Laubmäntelchen.

Winterharte Gehölze und Stauden im Kübel

Sie überwintern am besten ausgepflanzt an einer geschützten Stelle im Beet. Wer sie jedoch im Freien im frostfesten Gefäß überwintern möchte, umhüllt den Topf weit mit Maschendraht oder Noppenfolie und füllt die Zwischenräume mit trockenem Laub, Stroh oder Styroporflocken. Der Fachhandel führt auch Sack ähnliche Schutzhüllen, die ebenfalls ausgepolstert werden müssen. Das Gefäß selbst sollte keinen Bodenkontakt haben, sondern erhöht auf Holzlatten schattig und geschützt stehen. Gießen nicht vergessen!

Pflanzlisten

Stauden mit aparten Samenständen und Silhouetten im Winter

Name	Höhe	Blütezeit	Blüte	Standort	Winteraspekte u. Besonderheiten
Achillea-millefolium-Sorten *Achillea*-Hybriden Edelgarbe	30–120 cm	VI–IX	flache Blütenschirme in Gelb, Orange, Rost, Weiß, Rosa, Rot	sonnig, warm Boden durchlässig, nährstoffreich	die schirmartigen Trugdolden verblassen und bleiben lange haltbar
Agastache foeniculum Duftnessel	60–100 cm	VI–IX	violettblau auch weiße Sorten, Anis- und Minzeduft	sonnig Boden humos, durchlässig, nährstoffreich	die bis zu 10 cm langen, kolbenartigen Blütenstände locken Schmetterlinge an und bleiben lange haltbar
Angelica gigas Brustwurz	140 cm	VII–VIII	dunkelviolette Blüten in riesigen kuppel- förmigen Dolden	sonnig bis halbschattig Boden humos	die kurzlebigen Blüten gehen in große braunrote Samenstände über, die auf hohen Stängeln lange haltbar sind
Astilbe chinensis var. taquetii 'Purpurlanze' Purpurastilbe	90–100 cm	VII–VIII	imposante dichte purpurviolette Rispen	halbschattig Boden humos, durchlässig, leicht feucht	die ausdauernden Blüten verbräunen in dichten dekorativen Blütenständen und halten lange in den Winter hinein
Cimicifuga simplex Oktober-Silberkerze	140–180 cm	IX–X	weiße bürstenähnliche Kerzen auf überhän- genden Stängeln	halbschattig, kühl, windgeschützt Boden humos, feucht	behält auch im Raureif die elegante, übergeneigte Silhouette
Cephalaria dipsacoides *Cephalaria gigantea* Schuppenkopf (Bild S. 6, hinten)	160–180 cm	VII–IX	gelbliche, skabiosen- ähnliche Köpfchen an verzweigten Stängeln	sonnig Boden lehmig, aber nicht zu feucht	ab Herbst kastanienbraune endständige Köpfchen
Echinacea purpurea Purpur-Sonnenhut (Bild S. 14/15)	70–100 cm	VII–IX	karminrote Strahlen- blüten um runde, orangefarbene Mitte	sonnig, warm Boden nährstoffreich, lehmig	im Winter fallen die Blütenblätter ab, die runde Mitte bleibt auf kräftigen Stielen bällchenartig erhalten
Echinops sphaerocephalum Kugeldistel	140–180 cm	VII–VIII	grauweiße kugelrunde Blütenköpfe	sonnig, warm Boden durchlässig, durchlässig, kalkhaltig	die stark verzweigte Schmetterlings- und Bienenpflanze ist auch im Winter ein markanter Strukturbildner
Eryngium-Arten und -Sorten Edeldistel Foto, S. 56/57	60–80 cm	VII–IX	runde bis längliche Blütenköpfe über me- tallischen Hüllblättern	sonnig Boden durchlässig, trocken, kalkhaltig	die reich verzweigten Stauden können wie Trockenblumen den ganzen Winter überdauern
Eupatorium maculatum 'Atropurpureum' Purpurdost (Bild S. 6, 14/15)	150–180 cm	VII–IX	reichverzweigte wein- rote Blütenstände an beblätterten Stängeln	sonnig bis halbschattig Boden humos, nährstoff- reich, feucht	die Blätter verschwärzen dekorativ am Stängel, die haltbaren Blütenstände dünnen filigran aus

Name	Höhe	Blütezeit	Blüte	Standort	Winteraspekte u. Besonderheiten
*Helleborus-Orientalis-*Hybriden Schneerose (Bild S. 116)	30–60 cm	II–IV	weiß, gelb, rosa, rot, violettschwarz	halbschattig bis schattig Boden lehmig, nährstoffreich, humos, kalkhaltig	winter- bis immergrüne Stauden mit dekorativem Laub; Winterblüher; giftig
Lunaria rediviva Mondviole	80–100 cm	V–VII	weiß-lila in endständigen lockeren Doldentrauben, duftend	halbschattig Boden humos, nährstoffreich, leicht feucht	bis in den Winter haltbare flache elliptische Fruchtschoten mit silbriger Mittelwand
Monarda-Hybriden Indianernessel (Bild S. 6, 14/15, 56/57)	80–150 cm	VII–IX	weiße, rosa, rote, violettblaue dichte Quirle	sonnig (bis halbschattig) Boden durchlässig, humos, nährstoffreich, leicht feucht	die Blütenquirle gehen in haltbare endständige oder etagenförmig übereinanderstehende kugelige Samenstände über
Peucedanum verticillare Haarstrang (Bild S. 11, 16, 54)	180–200 cm	VII–VIII	weiße Blütendolden auf hohen Stängeln	sonnig bis halbschattig jeder Boden	die hohlen Stängel sind sehr frostbeständig, die Blüten dünnen filigran aus; giftig
Phlomis russeliana, *Phlomis tuberosa 'Amazone'* Brandkraut (Bild S.16)	60–80 cm 160–180 cm	VI–VIII VI–VII	blassgelbe Quirle rosaviolette Quirle, jeweils in Etagen	sonnig bis halbschattig Boden durchlässig, leicht feucht	die etagenartig übereinanderstehenden Blütenquirle werden zu attraktiven rundlichen Köpfchen mit langer Haltbarkeit
Rudbeckia fulgida *var. sullivantii 'Goldsturm'* Goldsturm-Sonnenhut	60–80 cm	VIII–X	goldgelbe Strahlenblüten mit schwarzer, kugeliger Mitte	sonnig Boden humos, nährstoffreich, lehmig	nach dem Abfallen der Blütenblätter haben die schwarzen Samenkugeln bis in den Winter hinein Bestand
Sanguisorba officinalis Großer Wiesenknopf	140–160 cm	VI–VIII	rote runde oder längliche Blütenstände in reicher Verzweigung	sonnig Boden humos, feucht	die reich und lang verzweigten Stängel bleiben lange haltbar, auch die rundlichen Samenstände an ihren Enden
*Sedum telephium, S. spectabile, Sedum-*Hybriden Pracht-Fetthenne (Bild S. 55)	40–60 cm	VIII–X	große schirmartige, erst rosa, dann dunkler werdende Blüten	sonnig Boden durchlässig, trocken, humusarm	die reichblühende Bienen- und Schmetterlingsweide verwandelt sich in dekorative braunrote haltbare Samenstände
Veratrum nigrum Schwarzer Germer	100–140 cm	VII–VIII	lange, purpurschwarze, schlanke Blütenrispen	sonnig bis halbschattig Boden humos, nährstoffreich	auch die Samenstände sind lange Zeit dicht und sehr dekorativ; giftig
Verbena hastata Lanzenverbene	100–150 cm	VII–IX	violette Blüten in dichten, aufrechten Ähren	sonnig Boden durchlässig, humos	die kandelaberartigen Samenstände stehen auf hohen starken Stängeln
Veronicastrum virginicum Kandelaber-Ehrenpreis	120–200 cm	VII–IX	bläuliche, weiße oder rosa Kandelaberblüten	sonnig, warm Boden humos, nährstoffreich	schöne Wintersilhouetten der kandelaberartigen Samenstände

Alle hier aufgeführten Stauden sind in der Staudengärtnerei von Anja und Piet Oudolf erhältlich.

Gräser und Bambus mit attraktivem Winterauftritt

Name	Wuchs/Höhe	Blütezeit	Höhe zur Blütezeit/ Blüte	Standort	Wintersapekte
Bouteloua gracilis Moskitogras	aufrecht 20–30 cm	VII–IX	30–40 cm; waagrecht abstehende Ähren in Paaren an der Spitze der Halme	sonnig, warm Boden nährstoffreich, durchlässig, trocken	in Gruppen pflanzen; die auffallenden Blütenstände färben sich braun bis purpur und haften sehr lange
Calamagrostis x acutiflora 'Karl Foerster' Reitgras, Gartensandrohr	straff aufrecht 60–80 cm	VI–VIII	100–120 cm; straff aufrechte, während der Blütezeit breit gefächerte Rispen	sonnig bis halbschattig jeder humose Gartenboden	schmale aufrechte rötliche Rispen; gelblichbraune Halme; imposanter straffer Wuchs; lange haltbar
Carex morrowii ('Variegata') Weißbunte Japansegge (immergrün)	rund, übergeneigt 20–40 cm	IV–V	30–50 cm; Blüten sind wenig zierend, stehen kaum über dem flachen Horst	halbschattig, schattig Boden feucht, humos, nährstoffreich, lehmig	immergrünes Gras mit cremeweißen Streifen am Rand der Halme
Carex pendula Riesensegge	weit überhängend 50–80 cm	V–VIII	100–150 cm; senkrecht herabhängende walzenförmige Ähren	halbschattig, geschützt Boden humos, lehmig, feucht	wintergrünes elegantes horstbildendes Gras; kann nach Winterschäden ganz zurückgeschnitten werden
Carex umbrosa Schattensegge	aufrecht, später niederliegend 15–40 cm	V–VI	20–40 cm; die kurzen Ähren bleiben oft unter dem Laub verborgen	halbschattig Boden humos, lehmig	wintergrün; die schmalen Halme biegen sich später zu flächendeckenden dichten Horsten nieder
Fargesia nitida, F. murieliae Schirmbambus	leicht überhängend 3–5 m	—	—	halbschattig, luftfeucht Boden durchlässig, sandig-humos	wintergrüner, keine Ausläufer treibender, sehr frostharter Bambus; nur anfangs aufrecht wachsend
Festuca cinerea (glauca) Blauschwingel (viele Sorten)	igelartig, horstig 15–40 cm	V–VI	30–80 cm; die lockeren Rispen stehen straff und fächerförmig über den Horsten	sonnig, heiß Boden sandig, mager, trocken, kalkhaltig	wintergrün mit dichter blaugrüner Kugelform; empfindlich gegen Schnee und Nässe; Rispen vergilben
Festuca mairei Atlasschwingel	kugelig, horstig 40–60 cm	VI–VII	80–120 cm; schlanke grüne Rispen stehen strahlig über dem dichten Horst	sonnig, warm Boden locker, humos	immergrünes dekoratives Ziergras für Einzelstand; die Blütenrispen sollte man nach dem Vergilben entfernen
Hakonechloa macra ('Aureola') Japan-Waldgras (Gelbbuntes)	überhängend 20–30 cm	VIII–IX	30–40 cm; filigrane goldgelbe Blüten, die nur wenig über die Blätter hinausragen	halbschattig Boden humos lehmig, nicht zu trocken	die gelbgrünen Blätter verfärben sich im Herbst auffallend bräunlich-gelb; in rauen Lagen Winterschutz geben!
Miscanthius sinensis Chinaschilf (viele Sorten)	aufrecht oder überhängend 90–200 cm	VIII–X	120–250 cm; große weiße bis silbrige federbuschartige Blütenstände über dem Laub	sonnig, luftfeucht Boden humos, durchlässig, nährstoffreich	herrliche intensive Färbung von Blättern und Blüten, die lange bis in den Winter halten

Name	Wuchs/Höhe	Blütezeit	Höhe zur Blütezeit/Blüte	Standort	Wintersapekte
Molinia caerulea Pfeifengras (viele Sorten)	fächerartige Horste 30–60 cm	VII–IX	30–80 cm; schlanke Blüten-stände über blaugrünem Laub	sonnig, halbschattig Boden humos feucht, nährstoffarm	gelbliche bis rötliche Herbstfärbung, der fächerförmigen Silhouette, die lange in den Winter anhält
Panicum virgatum Rutenhirse (viele Sorten)	aufrecht, oben überhängend 50–130 cm	VII–IX	70–180 cm; breite, bis 50 cm lange Blütenrispen über dem Laub	sonnig, warm, Boden humos, nähr-stoffreich, feucht	prächtige Herbstfärbung, die bei den Sorten recht unterschiedlich ist; Blüten stehen schleierartig über dem Laub
Pennisetum alopecuroides Lampenputzergras	leicht über-hängend 30–60 cm	ab IX	50–100 cm; dekorative Flaschenbürsten ähnliche Blütenstände	sonnig Boden humos, leh-mig, nährstoffreich	ab Spätherbst maisgelbe Halme und Blüten, die bis zum Frühjahr den Winter überstehen können
Phyllostachys bissetii Chengtu-Bambus	trichterförmig, 3–6 m	—	—	halbschattig Boden humos, leicht feucht	immergrün, sehr anpassungsfähig und winterhart mit dichtem Laub
Sasa veitchii Weißrand-Zwergbambus	aufrecht, bodendeckend 80–100 cm	—	—	sonnig, halbschattig Boden nährstoffreich, humos, feucht	winterharter, Ausläufer treibender Bam-bus, dessen Blätter im Winter vom Rand her eintrocknen und weiß wirken
Schizachyrium scoparium Kleines Präriegras	straff aufrecht 80–100 cm	VIII–X	90–120 cm; kleine silbrige Blütenstände über dem Laub	sonnig Boden durchlässig, nicht feucht	die blaugrünen bis grünen Horste fär-ben sich im Herbst orange bis rotbraun und halten sich lange im Winter
Sesleria autumnalis Herbstkopfgras	feinblättrig, igelartig 25–35 cm	IX–X	30–40 cm; schmale, silbrige, zylindrische Blütenstände mit guter Fernwirkung	halbschattig Boden locker humos, kalkhaltig	wintergrünes Gras, das mit seinen gleichmäßigen feinen Blattfontänen sehr dekorativ aussieht
Sorghastrum nutans Goldbartgras	aufrecht, kompakt 60–100 cm	VIII–X	100–150 cm; lang gestreckte reich blühende Rispen mit auf-fallenden gelben Staubgefäßen	sonnig, geschützt Boden nährstoffreich, durchlässig, feucht	die herrliche Herbstfärbung hält bis lange in den Winter vor
Spartina pectinata 'Aureomarginata' Goldbandleistengras	aufrecht 70–130 cm	VII–IX	100–130 cm; schwer über-hängende kammartige Ähren in langen Trauben	sonnig Boden nährstoffreich, feucht bis nass	orangebraune Färbung der bis 1 m lan-gen überhängenden, gelb gestreiften Blätter; Gruppengras für Raureif-Szenen
Stipa pulcherrima Reiherfedergras	locker, feinlaubig 20–40 cm	V–VII	50–70 cm; 15 cm lange silbrig glänzende Grannen	sonnig, warm Bodendurchlässig, humos, kalkhaltig	maisgelbe Färbung mit fächerartigem filigranem Wuchs, nachdem die Gran-nen vom Wind fortgetragen wurden

Winterblühende Gehölze

Name	Wuchs	Blüte	Weitere Attraktionen	Anmerkung
Chimonanthus praecox Chinesische Winterblüte	Strauch 2–3 m hoch	I–III; kleine gelbe, innen braunrote, stark duftende glockige Blüten	Sorten 'Luteus', 'Grandiflorus' sind großblütiger	sommergrün; nur geschützte Plätze oder in Weinbauklima
Cornus mas Kornelkirsche	Großstrauch bis 5 m hoch	II–IV; kleine goldgelbe Dolden	essbare Steinfrüchte; gelbe Herbstfärbung	sommergrün; sparrig wildhafter Strauch; frühe Bieneweide und Vogelschutzgehölz
Cornus officinalis Japanische Kornelkirsche	Großstrauch bis 6 m hoch	II–IV; größere dunkelgelbe Dolden, die 1–2 Wochen früher erscheinen als bei der Kornelkirsche	bronzerote Herbstfärbung	sommergrün; die Borke am Stamm blättert in Platten ab
Corylopsis pauciflora Scheinhasel	breiter Strauch 1,5 m hoch	III–IV; hellgelbe Glöckchen, die zu zweit oder dritt in kurzen Trauben hängen; zart duftend	gelbe Herbstfärbung	sommergrün; geschützte Lagen, wie Innenhöfe; Austrieb ist frostgefährdet;
Corylus avellana Haselnuss	Großstrauch bis 6 m hoch	III–IV; lang herabhängende gelbgrüne männliche Kätzchen	gelbe Herbstfärbung; essbare Nüsse ab September	besonders auffallend: die Sorte 'Contorta' mit bizarren Trieben
Daphne mezereum Seidelbast	Kleinstrauch bis 1,2 m hoch	I–IV; rosa Blüten in Büscheln an den Zweigenden; stark duftend	rote Früchte ab Mai; gelbe Herbstfärbung	Gehölz ist in allen Teilen sehr giftig; Sorte 'Alba' blüht weiß
Erica carnea Schneeheide	Zwergstrauch, Bodendecker 20–50 cm hoch	XII–IV; kleine Glockenblüten in Rosa, Lilarosa, Rot, Weiß	immergrün	absolut winterhart; verträgt auch kalkhaltigen Boden
Garrya elliptica Becherkätzchen	Strauch 1–4 m hoch	I–III; 20 cm lange grünlich-bräunliche Kätzchen	immergrün	nur für geschützte Bereiche in Weinbauklima; Kätzchen werden bei starkem Frost abgeworfen
Hamamelis mollis Lichtmess-Zaubernuss	locker verzweigter Großstrauch bis 5 m hoch	I–III; gelbe quastenartige Blüten, deren fadenförmige Blütenblätter bei Frost eingerollt werden	goldgelbe Herbstfärbung; ungenießbare, nussähnliche Früchte	Pflanze wächst sehr langsam; Blüten sind nur wenig frostgefährdet
Hamamelis-Hybriden Zaubernuss	breitwüchsige Sträucher 3–4 m hoch	XII–III; je nach Sorte gelb, orange, rot, kupfrig und braunrot	Herbstfärbung in Gelb, Orange, Rot	viele Hybriden tragen besonders große und dichte Blüten
Jasminum nudiflorum Winterjasmin	weichtriebiger Spreizklimmer 1–3 m hoch	XII–IV; sonnengelbe Blüten, die jedoch weder frosthart sind, noch duften	auffallend grüne Triebe im Winter	das Gehölz kann an Rankhilfen emporgeleitet werden oder über Mauern, Geländer herabhängen

Name	Wuchs	Blüte	Weitere Attraktionen	Anmerkung
Lonicera x purpusii Wintergeißblatt	Kleinstrauch bis 1,8 m hoch	XII–II; kleine rahmweiße, stark duftende Blüten ohne Fernwirkung	wintergrüner Strauch	nur für geschützte Plätze in milden Regionen geeignet
Mahonia bealei Schmuckmahonie	sparriger Strauch 1,5–2 m hoch	II–IV; hellgelbe überhängende Blüten in langen Trauben; starker Duft	immergrün; ab Juli giftige blauschwarze Beeren	nur für geschützte Plätze ohne große Temperatursprünge; darf im Winter keine Sonne erhalten
Prunus fenzliana Kaukasische Wildmandel	dichtwüchsiger Strauch 2–3 m hoch	II–III; weiße, bis 3 cm große Blüten	Herbstfärbung	nur für milde Regionen geeignet; der Strauch ist stark bedornt
Prunus subhirtella 'Autumnalis' Schneekirsche	breitverzweigter Baum oder Strauch bis 5 m hoch	XI–IV je nach Temperatur; halbgefüllte weiß-rosa Blüten in Büscheln	scharlachrote Herbstfärbung	die Sorte 'Autumnalis Rosea' blüht hellrosa
Rhododendron dauricum Dahurische Azalee	Strauch bis 2 m hoch	II–III; 4 cm große purpurrosa Blüten	sommergrünes Gehölz	nur für geschützte Bereiche, da Blüten sonst erfrieren
Rhododendron mucronulatum var. mucronulatum Stachelspitzige Azalee	Strauch bis 1,5 m hoch	II–III; purpurrosa Blüten	sommergrünes Gehölz	die Blüten werden sehr schnell von Frösten zerstört
Rhododendron 'Praecox' Vorfrühlings-Rhododendron	Strauch bis 1,5 m hoch	III–IV; lilarosa Blüten zu mehreren an Triebenden	beliebter immergrüner Kleinstrauch	die Blüten bei Nachtfrost schützen, sonst erfrieren sie schnell
Salix caprea 'Pendula' Hängende Kätzchenweide	kleiner Hochstamm bis 1,5 m hoch	III–IV; silbrig wollige Kätzchen	beliebter Frühlingsvorbote für Einzelstellung	die Ruten nach dem Blühen zurückschneiden, da sich nur an neuen wieder Kätzchen bilden
Sarcococca hookeriana var. digyna (hookeriana) 'Purple Stem' Niedrige Himalaya-Fleischbeere	Kleinstrauch 0,6 bis 1,5 m hoch	I–III; kleine unscheinbare weiße Blüten, die duften	Sorte hat attraktive dunkelrote Triebe	nur warme windgeschützte Plätze im Halbschatten oder Schatten
Viburnum x bodnantense Winterschneeball	Strauch 2–3 m hoch	XI–XII und II–III; stark duftende tiefrosa Blütenstände, die später verblassen	bräunlich rote bis violette Herbstfärbung	reich- und großblütig sind die Sorten 'Dawn' und die dunkelrosa 'Charles Lamont'
Viburnum farreri Duftschneeball	Strauch 2–3 m hoch	XI–III; intensiv duftende kleine rosa Blütenstände	orangegelbe Herbstfärbung und giftige, erst rote, dann schwarze Steinfrüchte	die zarten Blüten kommen vor einem immergrünen Hintergrund am besten zur Geltung

Gehölze mit immer- oder wintergrünem Laub

Name	Wuchs	Blüte	Ansprüche	Anmerkung
Berberis x stenophylla Schmalblättrige Berberitze	ausladend überhängender Blütenstrauch 1,5–2,5 m hoch	V; zahlreiche goldgelbe Blüten in kleinen Büscheln	sonnig bis schattig alle Böden, keine Staunässe	immergrün; geschützter Platz; erbsengroße blauschwarze Früchte
Buxus sempervirens 'Arborescnes' Hoher Buchsbaum	aufrechter breitkroniger Strauch 3–5 m hoch	IV–V; gelbgrün, unscheinbar	sonnig bis schattig; Boden neutral bis kalkhaltig, humos, leicht feucht	immergrün; gut Schnitt verträglich
Cotoneaster dammeri Teppichmispel (viele Sorten)	Bodendecker 0,2–1 m hoch	V–VI; kleine weiße Blüten mit rötlichem Schimmer	sonnig bis halbschattig alle Böden	bei uns wintergrün; ab August viele rote Früchte; bei Frost färbt sich Laub rot und fällt ab
Cotoneaster salicifolius var. floccosus Immergrüne Strauchmispel	mehrtriebiger Großstrauch, überhängend 3–5 m hoch	VI; weiße Doldenrispen mit strengem Duft	sonnig bis halbschattig alle Böden	immergrün; ab August korallenrote Früchte, die lange haften; geschützter Platz
Daphne cneorum Rosmarin-Seidelbast	Zwergstrauch mit liegenden Trieben 0,1–0,4 m hoch	IV–V; kleine rosa Blüten in Büscheln an den Zweigspitzen; duftend	sonnig bis halbschattig Boden humos, leicht kalkhaltig und feucht	immergrün; Pflanze ist in allen Teilen giftig
Euonymus fortunei Kriechspindel (viele Sorten)	kriechendes oder kletterndes Gehölz 0,2–2 m hoch	V–VI; grüngelbe unscheinbare Blüten	sonnig bis schattig alle Böden	immergrün, auch bunte Sorten; 'Emerald'n Gold' gelb gerandet 'Silver Queen' weißer Rand
Hedera helix Efeu (viele Sorten)	selbsthaftendes Klettergehölz 5–20 m hoch	IX–X; blüht erst im Alter grünlichgelb	halbschattig bis schattig Boden humos, nährstoffreich, nicht zu trocken	immergrün, auch bunte Sorten; ab Frühjahr giftige blauschwarze Früchte
Hyperium-Hybride *'Hidcote'* Großblumiger Johannisstrauch	überhängender Kleinstrauch 1–1,5 m hoch	VII–X; 5–7 cm große goldgelbe Tellerblüten über einen langen Zeitraum hinweg	sonnig bis halbschattig alle durchlässigen Böden	wintergrün, Rückschnitt im Frühjahr fördert den Blütenansatz
Ilex aquifolium Stechpalme	breitkegeliger Großstrauch oder Baum 2–12 m hoch	V–VII; weiße unscheinbare Blüten	halbschattig bis schattig Boden locker, leicht feucht	immergrün; ab IX rote giftige Früchte; zum Fruchtansatz ist eine männliche Befruchtersorte nötig
Kalmia latifolia Lorbeerrose, Berglorbeer	breit aufrechter Blütenstrauch 1,5–2 m hoch	V–VII; glockige rosa und weiße Blüten in großen Büscheln	halbschattig Boden durchlässig, humos sauer	immergrüne Moorbeetpflanzen, die gut zu Rhododendron passen

Name	Wuchs	Blüte	Ansprüche	Anmerkung
Leucothoe walteri Traubenheide	überhängender Klein- strauch 0,8–1,2 m hoch	IV–V; 4–7 cm große weiße Blüten in Trauben	halbschattig bis schattig Boden humos, leicht feucht und sauer	immergrüne Vor- oder Unter- pflanzung; weinrote Herbst- färbung
Lonicera henryi Immergrüne Geißschlinge	Klettergehölz 3–5 m hoch	VI–VIII; gelb-rote, duftende Blüten	sonnig bis halbschattig alle Böden	immergrüner rechtswindender Schlinger; ab August giftige schwarze Beeren
Mahonia aquifolium Mahonie	aufrechter, buschiger Kleinstrauch 80–120 cm hoch	IV–V; große gelbe, duftende Blütenrispen	sonnig bis schattig; Boden locker, humos	immergrün; ab Juli giftige blauschwarze Beeren
Pachysandra terminalis Ysander	niedriger Halbstrauch 0,2–0,3 m hoch	IV–V; weiße endständige Ähren über dem Laub	halbschattig bis schattig Boden locker, humos, feucht	immergrün; breitet sich mit schnurartigen Rhizomen teppichartig aus; giftig
Pieris japonica (viele Sorten) Schattenglöckchen; giftig	breit aufrechter Strauch 2–3 m hoch	III–IV; große hängende maiglöckchenartige Trauben in Weiß oder Rosa	halbschattig, geschützt Boden humos, nährstoffreich, sauer	immergrün; der farbige Neuaustrieb sieht oft wie Blüten aus; giftig
Prunus laurocerasus Lorbeerkirsche (einige Sorten)	breitbuschiger Klein- strauch 1–2,5 m je nach Sorte	V–VI; weiße aufrecht- stehende Blütenkerzen	sonnig bis schattig Boden durchlässig, humos, nährstoffreich, kalkhaltig	immergrün; ab Juli giftige schwarze Steinfrüchte
Pyracantha-Hybriden Feuerdorn (viele Sorten)	verzweigte buschige Sträucher 1–4 m hoch	V–VI; weiße Blüten	sonnig bis halbschattig; Boden leicht, durchlässig, trocken	immergrün; giftige, auffallende orange, rote und gelbe Früchte ab IX
Rhododendron-Hybriden Rhododendron (viele Sorten)	dichtbuschige Sträucher 0,5–5 m hoch, je nach Sorte	V–VI; große Blüten in allen Farben außer Blau	halbschattig, geschützt Boden humos, locker, sauer	immergrüne Sorten und sommergrüne Azaleen, von denen manche Sorten eine schöne Herbstfärbung haben
Skimmia japonica Fruchtskimmie	breitbuschiger Klein- strauch 0,5–1 m hoch	V; bis 8 cm lange aufrechte gelblich-weiße Rispen	sonnig bis halbschattig Boden humos, nährstoffreich, feucht	immergrün; ab September hochrote, lang haftende Früchte
Viburnum rhytidophyllum Immergrüner Zungenschneeballl	verzweigter, überhän- gender Großstrauch 3–4 m hoch	V–VI; weiße 10–20 cm breite flache Dolden	halbschattig Boden humos, durchlässig, schwach sauer	immergrün; rote Früchte, die sich allmählich schwarz färben

Weiterführende Literatur

Andrea Bärtels, *Gartengehölze, Bäume und Sträucher für mitteleuropäische und mediterrane Gärten,* Stuttgart 1991, 3. Auflage

Ursula Barth/Gary Rogers, *Garten-Räume. Stein, Holz, Metall und Keramik kreativ verwenden,* Stuttgart/München 2003

Jill Billington, *Gärten auf kleinstem Raum schön gestalten,* München 2002

Jill Billington, *Der neue klassische Garten. Formales Gartendesign der Gegenwart,* München 2002

Joachim Blüthgen, *Allgemeine Klimageographie,* Berlin 1966, 2. verbesserte und erweiterte Auflage

Joachim Blüthgen/Richard Scherhag, *Klimatologie,* Braunschweig 1960, 7. Auflage

Steven Bradley, *Winterzauber im Garten,* Augsburg 2001

Simon Crouzet/Oliver Colin, *Bambus auswählen und pflegen,* Stuttgart 2003

Der Gehölzberater, Gehölzkatalog und Berater der Baumschulen Wörlein, Dießen/Ammersee

Karl Foerster, *Neuer Glanz des Gartenjahres,* 1991 Radebeul, 9. Auflage

Karl Foerster, Einzug der Gräser und Farne in die Gärten, Stuttgart 1988, 7. Auflage

Rainer und Helmut Härig, *Schöne Rhododendren und Azaleen,* Stuttgart 1996

Bernd Hertle/Peter Kiermeier/Marion Nickig, *Gartenblumen,* München 1993

Gertrude Jekyll, *The Gardener's Essential,* Jaffrey, New Hampshire 2000, 4. Auflage

Leo Jelitto/Wilhelm Schacht/Alfred Fessler, *Die Freiland-Schmuckstauden,* Stuttgart 1990, 4. Auflage

Gisela Keil/Gary Rogers, *Garten-Glück. Große, kleine und winzige Gärten voller Phantasie,* Stuttgart/München 2002

Gisela Keil/Jürgen Becker, *Die Kunst der Beete. Fantasievolle Gartengestaltung mit Duft, Farben und Formen,* Stuttgart/München 2003

Michael King/Piet Oudolf, *Neue Pflanzen – subtile Rabatten,* in: Gartenpraxis 4/1999, S. 34–39

Michael King/Piet Oudolf, *Architektonische Kulisse – raffinierte Rabatten,* in: Gartenpraxis 6/1999, S. 38–43

Beate Leufen, *Topiari. Formkunst leicht gemacht,* Stuttgart 1998

Nancy J. Ondra, *Gräser im Garten,* München 2003

Piet Oudolf mit Noel Kingsbury, *Neues Gartendesign mit Stauden und Gräsern,* Stuttgart 2000

Piet Oudolf/Michael King, *Zarte und prachtvolle Gräser,* Köln 1997

William Robinson, *The English Flower Garden,* London 1998

Vita Sackville-West, *Mein Garten,* München 2001

Roy Strong, *Architektonische Gärten und Gartenteile. Entwerfen und Anlegen,* Stuttgart 1992

Gerda Tornieporth, *Buchs im Garten. Die besten Sorten, Pflege, Formschnitt, Gestaltung,* München 2001

Rosemary Verey, *The Garden in Winter,* London 1988

Robin Williams, *Das Handbuch der Gartengestaltung,* München 1997, 2. Auflage

Gartenverzeichnis

Der besondere Dank des Fotografen gilt seiner Ehefrau Doris Schlaback-Becker für die kreative Beratung und Unterstützung bei der Arbeit an diesem Buch.
Fotograf, Autorin und Verlag danken zudem folgenden Gartenbesitzern, Gartengestaltern, Einrichtungen und Firmen für ihre Mitarbeit und Hilfe:

Adriaanse/Quint NL S. 37

Buga Düsseldorf D S. 26, S. 27, S. 55

De Hagenhof NL S. 22, S. 23

De Kempenhof NL S. 5 Mi., S. 32, S. 39 o., S. 42–43, S.46 o., S.46 u.

De Tintelhof NL S. 29 o., S. 33, S. 36, S. 40–41, S. 45, S. 51 o., S. 51 u., S. 52–53, S. 60 Mi., S.72, S.73

Grugapark Essen D S. 50, S. 70–71, S. 75, S. 98

Hans D S. 120/121

Huis Bingerden NL S. 95

Japangarten, Bayer Leverkusen D S. 34, S. 34–35, S. 48–49, S. 74 o., S. 75, S. 98, S. 99, S. 114–115

Joziasse NL S. 2–3, S. 76, S. 77 o., S. 101 u.

Lavooij NL S. 39 u., S. 77 u., S. 90 (Skulptur von Annie Goedbloed)

Oudolf NL Titel/S. 1, S. 4, 1.Foto li., S. 6, S. 10–17, S. 54, S. 56–57

Roland Thomas D S. 106 o., S. 106 u.

Sauer Pflanzkulturen D S. 100 u. (Skulptur: Basho, Penzberg D; www.bashoartstudio.de)

Schlaback-Becker D S. 101 o. S. 102, S. 103, S. 104–105 (Styling: Doris Schlaback-Becker)

Thiedmann D S. 96–97, S. 107

Van Steeg NL S. 8–9, S. 20, S. 21, S. 30–31, S. 61 u., S. 93 Mi., S. 94 (alle Fotos Design: Oudolf NL)

Wenninger D S. 29 u., S. 100 o. (Design: Püschel D)

Zwaan NL S. 38 o., S. 38 u., S. 44, S. 118–119

Bibliografische Information Der Deutschen Bibliothek
Die Deutsche Bibliothek verzeichnet diese Publikation
in der Deutschen Nationalbibliografie; detaillierte
bibliografische Daten sind im Internet über
<http://dnb.ddb.de> abrufbar.

© 2003 Deutsche Verlags-Anstalt, München
Alle Rechte vorbehalten
Umschlagreihenentwurf:
Theodor Bayer-Eynck, Coesfeld
Gestaltung: Monika Pitterle
Lithographie, Druck und Bindung:
Fotolito Longo, Bozen
Printed in Italy

ISBN 3-421-03428-1